중식 조리기능사 실기시험 합격하기

합격 비법을 전수하는 완벽한 레시피!

이 책의 특징

'먹방', '쿡방'에 이어 '집밥 열풍'을 타고 우리의 식탁을 책임지는 '중식'에 대한 관심도 점차 커지고 있습니다. 흔하고 친근해서 쉽게 생각하지만 알고 보면 중식은 재료 손질부터 마지막 고명 얹기까지 과정마다 정성이 듬뿍 들어가는 쉽지 않은 요리입니다. 중식조리기능사 실기시험 합격률이 30%에 머무르고 있는 이유가 바로 여기에 있습니다. 이에 이 책은 모든 실기시험 문제의 조리과정을 2020년 최신출제기준을 완벽하게 반영하여 사진과 함께 상세하게 설명하였고, 수험자를 위한 합격을 위한 Tip, 감독자 시선 Point, 유용한 Tip 등을 수록하여 중식조리기능사 실기시험을 완벽하게 대비할 수 있도록 구성하였습니다.

최신 출제
기준을 반영한
중식조리기능사
실기

합격 노하우
수험자 유의사항
감독자 시선
Point

보다 정확하고
자세한
유용한 Tip

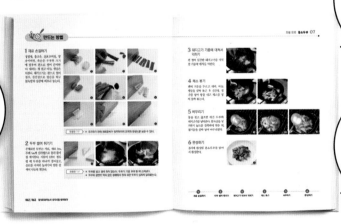

조리과정을
확인할 수 있는
자세한 과정컷과
정확한 해설

합격을
위한 보너스
합격 레시피
포켓북

㈜성안당의 〈중식조리기능사 실기시험 합격하기〉가
기초부터 마무리까지 완벽한 학습을 통해 합격의 꿈을 이뤄드립니다!

중식조리기능사 실기시험 합격하기

2020. 8. 28. 초 판 1쇄 인쇄
2020. 9. 7. 초 판 1쇄 발행

저자와의
협의하에
검인생략

지은이 | 김호석, 정승준
펴낸이 | 이종춘
펴낸곳 | **BM** (주)도서출판 **성안당**

주소 | 04032 서울시 마포구 양화로 127 첨단빌딩 3층(출판기획 R&D 센터)
10881 경기도 파주시 문발로 112 출판문화정보산업단지(제작 및 물류)

전화 | 02) 3142-0036
031) 950-6300

팩스 | 031) 955-0510
등록 | 1973. 2. 1. 제406-2005-000046호
출판사 홈페이지 | www.cyber.co.kr
ISBN | 978-89-315-8913-9 (13590)
정가 | 19,000원

이 책을 만든 사람들
책임 | 최옥현
기획·진행 | 박남균
교정·교열 | 디엔터
본문·표지 디자인 | 디엔터, 박원석
홍보 | 김계향, 유미나
국제부 | 이선민, 조혜란, 김혜숙
마케팅 | 구본철, 차정욱, 나진호, 이동후, 강호묵
마케팅 지원 | 장상범, 조광환
제작 | 김유석

■ **도서 A/S 안내**

성안당에서 발행하는 모든 도서는 저자와 출판사, 그리고 독자가 함께 만들어 나갑니다.
좋은 책을 펴내기 위해 많은 노력을 기울이고 있습니다. 혹시라도 내용상의 오류나 오탈자 등이 발견되면 **"좋은 책은 나라의 보배"**로서 우리 모두가 함께 만들어 간다는 마음으로 연락주시기 바랍니다. 수정 보완하여 더 나은 책이 되도록 최선을 다하겠습니다.
성안당은 늘 독자 여러분들의 소중한 의견을 기다리고 있습니다. 좋은 의견을 보내주시는 분께는 성안당 쇼핑몰의 포인트(3,000포인트)를 적립해 드립니다.

잘못 만들어진 책이나 부록 등이 파손된 경우에는 교환해 드립니다.

새 출제기준·NCS 교육 과정 **완벽 반영**

중식 조리기능사 실기시험

합격하기

김호석·정승준 **지음**
조리교육과정연구회 **감수**

BM (주)도서출판 **성안당**

저자 약력

김 호 석

외식경영학 박사
가톨릭관동대학교 조리외식경영학과 교수

학력사항	세종대학교 대학원 외식경영전공(외식경영학 박사)
	中國四川烹飪專科學校 수료
	中國北京外國語大學 연수
경력사항	리츠칼트호텔 근무
	리베라호텔 근무
	㈜부첼라 메뉴개발팀
	중국상하이포토만호텔 연수
자격 및 수상경력	국가공인조리기능장
	中國烹飪世界大賽 단체전 은상, 개인전 동상 수상
	서울국제요리대회 퓨전요리 단체전 은상 수상

정 승 준

現 강릉시 평생학습관 요리강사
現 강릉 이마트 문화센터 아동요리 강사
現 강릉 홈플러스 문화센터 요리강사

학력사항	가톨릭관동대학교 대학원 외식경영학 석사학위
	르 꼬르동 블루 요리과정 수료
경력사항	라꼬시나 바이 이성용 근무
	마리몬타냐 근무
	엘뿔라또 근무
자격 및 수상경력	조리기능사
	강원 관광서비스 경진대회 입상

조리교육과정연구회 감수위원

김호석	가톨릭관동대학교 조리외식경영학과 교수	**장명하**	대림대학교 호텔조리과 전임교수
박종희	경민대학교 호텔외식조리과 교수	**한은주**	한국폴리텍대학 강서캠퍼스 외식조리과 교수

여는 글

조리사가 될래요!

먹는 것보다 옷을 잘 차려입는 것을 중시여기는 한국의 의식주(衣食住)에 대한 인식이, 언제부터인가 먹는 것이 우선시 되는 식의주(食衣住)로 그 순서가 바뀌었다. 언론과 매스컴에는 온통 먹는 이야기고, 먹는 방송이고, 누구나 맛집 정보 수십 개는 가지고 있다. 사회적으로 낮게 인식되었던 조리사라는 직업이 시대가 변화하면서 조리사에 관한 관심이 높아지고 미화되고 희화되어 인기 있는 직업이 되었다.

조리사들의 희고 깨끗한 세련된 조리복, 높게 주름 잡힌 모자를 쓰고 멋있게 요리하는 장면이 TV에 노출이 되었다. 그로 인해 명성을 얻는 몇몇 조리사들은 연예인 못지않은 인기를 누리는 셀럽 조리사가 되었다. 이러한 현상은 산업현장에서 인고의 시간을 보내야 얻어지는 기술연마의 시간을 설명해 주지 못했고, 표면에 드러나는 작은 부분이 전체로 둔갑하여 전달되는 정보의 오류로 변화게 되었다. 음식을 맛있게 만들어 사람들에게 제공하는 일은 참 기쁘고 행복한 일이다. 하지만 이러한 것이 직업이 된다면 결코 쉬운 일은 아니다.

본서는 중국요리에 대한 기초를 배우고자 하는 입문자들이 대다수라고 생각한다. 본 책을 통해 중국요리에 대한 기본적인 기술과 지식은 물론 조리사로서의 정신적인 측면을 간과하지 않기를 바란다.

7전 8기의 도전 정신!

한 가지의 기술을 배우기 위해서는 무수히 많은 동작을 반복해야 한다. 머리로 이해를 했다고 해서 바로 사용이 되지 않는다. 무한 실패를 반복해서 얻게 된다는 것을 잊지 말고 7전 8기의 도전 정신으로 도전하기 바란다. 조리기능사 자격증을 단번에 합격하는 것이 목적이 아니라 시험 기준에 대한 정확한 기본기를 이해하고 요리에 대한 기준을 능숙하게 익히는 것을 목표로 하여 기본에 충실한 조리사가 되길 바란다.

끝으로 본서가 빛을 볼 수 있도록 긴 시간 동안 기다려주시고 지원해 주신 성안당 출판사의 대표님과 직원분들에게 깊은 감사를 드립니다. 그리고 본서의 집필을 도와준 가톨릭관동대학교 박사과정의 정승준 선생과 학부에서 공부하는 김정희 선생, 호텔에 근무와 학교강의로 바쁜 와중에도 시간을 내어준 노병국 박사에게 감사의 말을 전합니다.

본서를 바탕으로 학습하는 독자들의 조리 인생에 무한 영광과 발전이 있기를 기원합니다.

가톨릭관동대학교 **김 호 석**

중식 조리기능사 실기시험
합격하기

● C O N T E N T S ●

● 20가지 레시피

광활한 영토에서 생산되는 풍부한 식자재와 다양한 민족의 문화 그리고 많은 인구가 중국을 대표하는 특징이다. 여기에 유구한 역사가 있는 중국인들의 식(食)을 가장 우선으로 여기는 문화적 특징이 중국 음식문화를 이끌어 오게 된 원동력이라 할 수 있다.

중국 인구의 주류를 이루고 있는 한족과 만주족의 경우, 돼지고기를 즐겨먹었으며 이로 인해 현재 중국 음식에 사용되는 고기가 일반적으로 돼지고기가 대표되는 현상을 가져왔다. 그 외 제비집, 곰 발바닥, 뱀, 전갈, 낙타봉 등의 수많은 희귀한 식자재가 요리에 사용되는 것 또한 특징이다.

중국 음식문화의 특징을 이해하기 위해서는 지역적 특성과 각각 민족의 문화적 특성, 문화적 지배계급 등을 고려하여 이해해야 한다.

중식 조리기능사 실기시험

합격하기

● 중식요리 기초이론 ●

중식조리기능사 실기시험 안내

실기시험 응시 전 준비사항

수험자 유의사항 공통

중국 음식의 기초

중식조리기능사 실기시험 안내

1 자격명 : 중식조리기능사

2 영문명 : Craftsman Cook China Food

3 관련부처 : 식품의약품안전처

4 시행기관 : 한국산업인력공단(http://q-net.or.kr)

　　　　　　　※ 과정평가형 자격 취득 가능 종목

5 시험수수료
  - 필기 : 14,500원　　　● 실기 : 26,900원

6 출제경향
  - 요구사항의 내용과 지급된 재료로 요구하는 작품을 시험시간 내에 만들어 내는 작업
  - 주요 평가내용 : 위생상태 및 안전관리, 조리기술(재료 손질, 기구 취급, 조리하기 등), 작품의 평가, 정리 정돈 등

7 시행처 : 한국산업인력공단

8 시험과목

구 분		시험과목(2020년 적용)	비고
시험 과목	필기 시험	중식 재료관리, 음식조리 및 위생관리	국가직무능력표준(NCS)을 활용하여 현장직무 중심으로 개편
	실기 시험	중식조리 실무	

9 검정방법
  - 필기 : 객관식 4지 택일형, 60문항 (60분)
  - 실기 : 작업형 (70분 정도)

10 합격기준 : 100점 만점에 60점 이상

수험자 지참 준비물

1 2020년 중식조리기능사 지참준비물 목록

번호	재료명	규격	단위	수량	비고
1	가위	조리용	EA	1	
2	강판	조리용	EA	1	
3	계량스푼	사이즈별	SET	1	눈금표시 스푼, 눈금표시 컵 사용불가
4	계량컵	200㎖	EA	1	눈금표시 스푼, 눈금표시 컵 사용불가
5	공기	소	EA	1	
6	국대접	소	EA	1	
7	김발	20cm 정도	EA	1	
8	냄비	조리용	EA	1	시험장에도 준비되어 있음
9	도마	흰색 또는 나무도마	EA	1	시험장에도 준비되어 있음
10	뒤집개	–	EA	1	
11	랩, 호일	조리용	EA	1	
12	밀대	소	EA	1	
13	비닐봉지, 비닐백	소형	장	1	

14	비닐팩	–	EA	1	
15	상비의약품	손가락 골무, 밴드 등	EA	1	
16	석쇠	조리용	EA	1	시험장에도 준비되어 있음
17	소창 또는 면보	30*30㎝ 정도	장	1	
18	쇠조리(혹은 체)	조리용	EA	1	시험장에도 준비되어 있음
19	숟가락	스텐레스제	EA	1	
20	앞치마	백색(남, 여 공용)	EA	1	위생복장을 갖추지 않으면 채점대상에서 제외됨(실격)
21	위생모 또는 머리수건	백색	EA	1	위생복장을 갖추지 않으면 채점대상에서 제외됨(실격)
22	위생복	상의-백색/긴팔, 하의-긴바지(색상 무관)	벌	1	위생복장을 갖추지 않으면 채점대상에서 제외됨(실격)
23	위생타올	면또는 키친타올 등	매	1	
24	이쑤시개	–	EA	1	
25	젓가락	나무젓가락 또는 쇠젓가락	EA	1	
26	종이컵	–	EA	1	
27	칼	조리용칼, 칼집 포함	EA	1	눈금표시칼 사용 불가
28	키친페이퍼		EA	1	
29	후라이팬	소형	EA	1	시험장에도 준비되어 있음

※ 지참준비물의 수량은 최소 필요수량으로 수험자가 필요 시 추가 지참 가능합니다.

※ 길이를 측정할 수 있는 눈금 표시가 있는 조리기구는 사용불가 합니다(예 칼, 계량스푼 등).

변경 전	변경 후
눈금표식이 보이지 않도록 조치 후 사용	사용 불가

※ 요구사항의 무게나 부피 표시내용 변경

요구사항 표시		채점 적용 범위
변경 전	변경 후	
○○g 정도, ○○㎖ 정도	○○g 이상, ○○㎖ 이상	○○g 미만, ○○㎖ 미만일 경우 : 과제 요구사항을 충족하지 못하였으므로 채점대상에서 제외 되어 '미완성'으로 처리 예시) 탕, 수프, 찌개, 육회 등

※ 지급재료 중 닭다리 1개는 1/2마리(마리당 1.2kg 정도)로 대체하여 지급 가능

앞치마 착용 방법

1 앞치마를 바로 펴서 재봉선 넓이만큼 한번 접어서 허리 양쪽 골반에 기준을 잡아준다.

2 끈을 뒤로 넘겨 척추 꼬리뼈 쪽에서 교차시킨다.

3 2번의 교차시킨 앞치마 끈을 앞쪽으로 당겨 가져온다.

4 오른손잡이일 경우 왼쪽 옆구리에 왼손잡이일 경우 오른쪽 옆구리에 가깝게 끈을 교차시킨다.

5 교차시킨 앞치마 끈을 한 번 묶고 다시 한번 더 묶어준다.

6 앞치마 끈 중 긴 끈을 리본 모양으로 여러 번 겹쳐 만든다.

7 남은 하나의 끈을 안쪽으로 말듯이 하여 여러 번 감싸준다.

8 남은 끝을 이용하여 여러 번 말고 사진처럼 만든다.

9 남은 끝을 안쪽으로 하여 착용을 사진처럼 완료한다.

10 위생복 착용 완료한 뒷모습

11 위생복 착용 완료한 앞모습

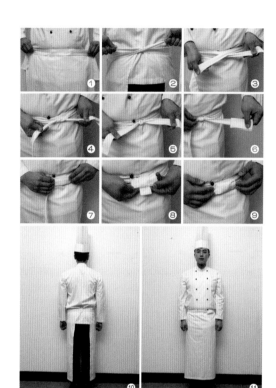

위생복 착용과 조리모·등 번호표 착용 방법

1 위생복은 단정하게 입고 장신구는 착용하지 않으며 위생모는 머리 크기만큼 조절하여 클립으로 고정하거나 스테임플러로 완전히 고정하는 것도 좋다. 위생모는 가운데 접혀 있는 부분이 코끝에 오도록 하며 앞머리가 나오지 않게 착용하고 여성인 경우, 긴 머리는 반드시 머리망을 착용하고 단정하게 하여 개인위생 감점을 받지 않도록 유의한다.

2 등 번호판 착용은 등 가운데 오게 잘 보이도록 착용한다.

3 시험 보기 전에 조리도구 세팅은 편리하게 사용하도록 쓰기 편한 자리에 세팅한다.

개인위생상태 및 안전관리 세부기준 안내

1 개인위생상태 세부기준

순번	구분	세부기준
1	위생복	• 상의 : 흰색, 긴팔 • 하의 : 색상무관, 긴바지 • 안전사고 방지를 위하여 반바지, 짧은 치마, 폭넓은 바지 등 작업에 방해가 되는 모양이 아닐 것
2	위생모 (머리수건)	• 흰색 • 일반 조리장에서 통용되는 위생모
3	앞치마	• 흰색 • 무릎아래까지 덮이는 길이
4	위생화 또는 작업화	• 색상 무관 • 위생화, 작업화, 발등이 덮이는 깨끗한 운동화 • 미끄러짐 및 화상의 위험이 있는 슬리퍼류, 작업에 방해가 되는 굽이 높은 구두, 속 굽 있는 운동화가 아닐 것
5	장신구	• 착용 금지 • 시계, 반지, 귀걸이, 목걸이, 팔찌 등 이물, 교차오염 등의 식품위생 위해 장신구는 착용하지 않을 것
6	두발	• 단정하고 청결할 것 • 머리카락이 길 경우, 머리카락이 흘러내리지 않도록 단정히 묶거나 머리망 착용할 것
7	손톱	• 길지 않고 청결해야 하며 매니큐어, 인조손톱부착을 하지 않을 것

※ 개인위생 및 조리도구 등 시험장 내 모든 개인물품에는 기관 및 성명 등의 표시가 없어야 합니다.

※ 위생복, 위생모, 앞치마 미착용 시 채점 대상에서 제외됩니다.

2 안전관리 세부기준

1. 조리장비 · 도구의 사용 전 이상 유무 점검

2. 칼 사용(손 빔) 안전 및 개인 안전사고 시 응급조치 실시

3. 튀김기름 적재장소 처리 등

채점기준표

1 실기시험 채점기준표

┌─────────────────── 계산 방법 ───────────────────┐

(실기시험 2가지× 45점) + (개인위생 3점, 조리(식품)위생·안전·정리정돈 7점) = 100점 만점 중 60점 합격

└──┘

주요항목	세부항목	내용	배점	비고
위생상태	개인위생	위생복을 착용하고 개인 위생상태(두발, 손톱 상태)가 좋으면 3점, 불량하면 0점	3	공통배점
	조리위생	재료와 조리기구의 위생적 취급	4	과제별 배점
조리기술	재료손질	재료 다듬기 및 씻기	3	
	조리조작	썰기, 볶기, 익히기 등	27	
작품평가	작품의 맛	너무 짜거나 맵지 않도록	6	
	작품의 색	너무 진하거나 퇴색되지 않도록	5	
	그릇 담기	전체적인 조화 이루기	4	
마무리	정리정돈	조리기구, 싱크대, 주위 청소 상태가 양호하면 3점, 불량하면 0점	3	공통배점

※ 중식조리기능사 실기에서 다음과 같은 경우에는 채점대상에서 제외된다.

가) 기권	수험자 본인이 시험 도중 시험에 대한 포기 의사를 표현하는 경우
나) 실격	(1) 가스레인지 화구 2개 이상(2개 포함) 사용한 경우 (2) 불을 사용하여 만든 조리작품이 작품특성에 벗어나는 정도로 타거나 익지 않은 경우 (3) 위생복, 위생모, 앞치마를 착용하지 않은 경우 (4) 시험 중 시설·장비(칼, 가스레인지 등) 사용 시 시험위원 및 타수험자의 시험 진행에 위해를 일으킬 것으로 시험위원 전원이 합의하여 판단한 경우
다) 미완성	(1) 시험시간 내에 과제 두 가지를 제출하지 못한 경우 (2) 문제의 요구사항대로 과제의 수량이 만들어지지 않은 경우
라) 오작	(1) 구이를 조림 등으로 조리하여 완성품을 요구사항과 다르게 만든 경우 (2) 해당 과제의 지급재료 이외의 재료를 사용하거나 석쇠 등 요구사항의 조리도구를 사용하지 않은 경우
마) 기타	요구사항에 표시된 실격, 미완성, 오작에 해당하는 경우

중식조리기능사 실기시험 **합격하기**

실기시험 응시 전
준비사항

① 수험표를 출력하여 정해진 실기시험 일자와 장소, 시간을 정확히 확인한 후 시험 40분 전에 수검자 대기실에 도착하여 긴장을 풀기 위하여 화장실에 다녀온 후 대기실에서 기다린다.

② 시험시작 20분 전에 가운과 앞치마, 모자 또는 머리수건(백색)을 단정히 착용한 후 준비요원의 호명에 따라 수험표와 주민등록증을 제시하여 본인임을 확인받고 등번호를 직접 안내에 따라 뽑은 후 등부분에 핀을 이용하여 꽂는다.

③ 준비요원의 안내에 따라 실기시험장에 입실하여 자신의 등번호 위치의 조리대에 위치한다.

④ 자신의 등번호와 같은 조리대에 개인 준비물을 꺼내놓고 정돈하면서 준비요원의 지시에 따라 시험 볼 주재료와 양념류를 확인하고 조리도구를 점검한다.

⑤ 조리대 위에 있는 실기시험문제를 확인한 후 심호흡을 길게 하여 심신을 안정시킨다.

⑥ 본부요원의 지시없이 임의대로 시작하지 않도록 하고 앞에서 말씀하시는 주의사항을 잘 듣고 실기시험에 응하도록 한다.

7 시험에 필요한 도구 미지참 시 본부요원에게 말해 도구를 대여한다.

8 재료지급 목록표와 지급된 재료를 비교, 확인하여 부족하거나 상태가 좋지 않은 재료는 손을 들어 의사표시를 한 뒤 즉시 교체받도록 한다.

9 주어진 과제의 요구사항을 꼼꼼히 읽은 후 시험에서 요구하는 대로 작품을 만들어 정해진 시간 안에 등번호와 함께 정해진 위치에 제출한다.

10 작품을 제출할 때는 반드시 시험장에서 제시된 그릇에 담아낸다.

11 시험 도중에 옆 사람과 말을 하면 부정행위로 간주하고 퇴실을 당할 수 있으므로 어떠한 대화도 하지 않도록 한다.

12 정해진 시간 안에 작품을 제출하지 못했을 경우 시간초과로 채점대상에서 제외한다.

13 요구작품은 2가지며, 1가지 작품만 만들었을 때에는 미완성으로 채점대상에서 제외된다.

14 시험에 지급된 재료 이외 미리 준비해간 재료를 사용해선 안 되고, 작업 도중 음식의 간을 보면 (2점) 감점된다.

15 불을 사용하여 만든 조리작품이 익지 않았을 경우에는 미완성으로 채점대상에서 제외된다.

16 가스렌지 화구를 2개 사용한 경우는 채점대상에서 제외되므로 1개의 화구를 사용한다.

17 작품을 제출한 후 조리대, 씽크대 및 가스렌지 등을 깨끗이 청소하고, 음식물과 일반쓰레기는 따로 분리수거하도록 하며, 사용한 기구들도 다음 수험자를 위하여 깨끗이 제자리에 배치한다.

18 시험 도중 시설과 장비(칼, 가스레인지 등)의 사용이 타인에게 위협이 될 사항이 발생하여 감독위원 전원이 합의하여 판단한 경우 실격처리 된다.

19 혹, 감독위원과 눈이 마주치게 되면 무서워하거나 떨지 말고 가벼운 목례로 예의 있는 행동을 한다.

20 시험에 자주 떨어져 감독위원이 눈에 익더라도 인사를 하거나 말을 하면 안 된다.

1. 만드는 순서에 유의하며, 위생과 숙련된 기능평가를 위하여 조리작업 시 맛을 보지 않습니다.

2. 지정된 수험자 지참 준비물 이외의 조리기구나 재료를 시험장 내에 지참할 수 없습니다.

3. 지급재료는 시험 전 확인하여 이상이 있을 경우 시험위원으로부터 조치를 받고 시험 중에는 재료의 교환 및 추가지급은 하지 않습니다.

4. 요구사항의 규격은 '정도'의 의미를 포함하며, 지급된 재료의 크기에 따라 가감하여 채점합니다.

5. 위생복, 위생모, 앞치마를 착용하여야 하며, 시험 장비·조리도구 취급 등 안전에 유의합니다.

6. 다음 사항에 대해서는 채점대상에서 제외하니 특히 유의하시기 바랍니다.

(가) 기권
- 수험자 본인이 시험 도중 시험에 대한 포기 의사를 표현하는 경우

(나) 실격
- 가스레인지 화구 2개 이상(2개 포함) 사용한 경우
- 불을 사용하여 만든 조리작품이 작품 특성에 벗어나는 정도로 타거나 익지 않은 경우
- 위생복·위생모·앞치마를 착용하지 않은 경우

- 시험 중 시설·장비(칼, 가스레인지 등) 사용 시 감독위원 및 타수험자의 시험 진행에 위협이 될 것으로 심사위원 전원이 합의하여 판단한 경우
- 미완성
  - 시험시간 내에 과제 두 가지를 제출하지 못한 경우
  - 문제의 요구사항대로 과제의 수량이 만들어지지 않은 경우
- 오작
  - 구이를 조림 등으로 조리하여 완성품을 요구사항과 다르게 만든 경우
  - 해당과제의 지급재료 이외의 재료를 사용하거나 석쇠 등 요구사항의 조리도구를 사용하지 않은 경우
- 요구사항에 표시된 실격, 미완성, 오작에 해당하는 경우

7 항목별 배점은 위생상태 및 안전관리 5점, 조리기술 30점, 작품평가 15점입니다.

8 시험 시 전 가벼운 몸풀기(스트레칭) 동작으로 긴장을 풀고 시험을 시작합니다.

실기시험 시험 안내

자격의 모든 Q-Net

http://www.q-net.or.kr/

한국기술자격검정원
상시시험 원서접수 및 자격증 발급

http://t.q-net.or.kr/

중국 음식의 특징

광활한 영토에서 생산되는 풍부한 식자재와 다양한 민족의 문화 그리고 많은 인구가 중국을 대표하는 특징이다. 여기에 유구한 역사가 있는 중국인들의 식(食)을 가장 우선으로 여기는 문화적 특징이 중국 음식문화를 이끌어 오게 된 원동력이라 할 수 있다.

중국 인구의 주류를 이루고 있는 한족과 만주족의 경우, 돼지고기를 즐겨 먹었으며 이로 인해 현재 중국 음식에 사용되는 고기가 일반적으로 돼지고기가 대표되는 현상을 가져왔다. 그 외 제비집, 곰 발바닥, 뱀, 전갈, 낙타봉 등의 수많은 희귀한 식자재가 요리에 사용되는 것 또한 특징이다.

중국 음식문화의 특징을 이해하기 위해서는 지역적 특성과 각각 민족의 문화적 특성, 문화적 지배계급 등을 고려하여 이해해야 한다.

중국 요리는 일반적으로 지역에 따라서 4대, 8대, 10대 요리로 구분된다. 황화 문명의 발상지인 산동지역의 산동요리(魯菜), 삼국지 시대의 촉나라 전략적 요충지였던 사천지역의 사천요리(川菜), 해안중심의 강소성을 바탕으로 한 회양요리(淮楊菜), 남방 해상교통의 요충지와 해외 문명을 받아들이는 일번지 광동지역의 광동요리(廣東菜.粤菜)로 크게 4개로 나뉜다. 조금 더 세분하면 절강요리, 복건요리, 호남요리, 안휘요리로 나뉘어서 8대 요리가 되고, 여기에 북경요리와 상해요리가 더해져 10대 요리가 된다.

중국 음식의 개요

음식은 사람들이 먹고 마시는 문화의 행위이며, 따라서 문화에 대한 접근이 필요하다. 음식문화는 한 사회가 지닌 사회·문화적 의미가 담겨 있다. 중국 음식이라는 특정 지역의 음식이지만 그것이 소비되는 장소, 즉 소비되는 지역이나 국가에서 이루어지는 소비문화에 대한 이해가 필요한 것이다.

중국 음식을 이해하기 위해서는 중국문화(생활방식, 중국어체계) 전반적인 것에 대한 인식이 바탕이 되어야 한다. 중국 음식의 범주는 굉장히 광범위하다고 할 수 있다. 예를 들어, 중국에 있는 23개의 성과 5개의 자치구, 56개 각각의 민족 음식들, 타이완 음식, 홍콩 음식, 마카오 음식, 전 세계 여러 나라에 흩어져 있는 화교들의 음식들, 그리고 화교들이 현지에 토착하면서 형성한 현지화한 중국의 음식으로 개념을 구분하여 이해하는 것이 바람직하다.

중국요리의 맛을 결정하는 데는 불을 어떻게 다루느냐에 따라서 결정된다고 하는 것에 대해서 부정할 사람은 없을 것이다.

중국 음식의 식자재 및 향신료-24

1 식자재

● 제비집(燕窩, Yān wō)

제비집은 다른 말로 "燕菜"라고 부르기도 하는데 주요 생산지는 중국 남부해안 지역이며 해남도, 대만 그리고 동남아시 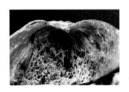 아 일대에서 생산된다. 바다와 인접해있는 절벽에 서식하는 바다제비의 일종인 "금사연"(金絲燕)의 침샘에서 나오는 끈적한 분비물을 이용해서 작은 새집의 형태로 지은 것이다. 금사연이 첫 번째로 만든 흰색제품이 최상품이며, 두 번째로 지어져 털인 섞인 것은 모연(毛燕)이며, 피가 섞여있는 것은 혈연(血燕)이라고 한다. 제비집은 해안가 기암절벽에 붙어있는 자연상태의 것을 채취하여 얻어지는 식재료이므로 값비싼 식재료이다. 제비집은 광물질이 풍부해서 한약재료도 사용되고 피부미용에 탁월한 효과가 있다. 중국요리의 대표적인 식자재로써 주로 탕(湯)과 갱(羹)의 요리로 많이 이용된다.

● 상어지느러미(魚翅, yúchì 또는 翅子, chìzi)

상어지느러미는 "어시(魚翅)" 또는 "鯊魚翅(사어시)"라고 부르며 여러 종류의 상어에 있는 지느러미를 말려서 사용하는 것을 일컫는다. 지느러미에 붙어있는 살을 제거하고, 소  금물에 담가 모래를 제거한 후에 뼈를 발라내고 표백을 한 후에 건조하여 만든다. 중국의 복건성, 광동성, 요녕성, 대만 등지에서 주로 생산된다. 다양한 품종과

명칭이 있지만, 색으로 구분할 때는 백시(白翅)와 청시(青翅)로 나누어지고, 부위에 따라서 도시(刀翅), 청시(青翅), 미시(尾翅)의 세 가지로 분류하며, 도시(刀翅)는 등 쪽 부위, 청시(青翅)는 가슴과 배 부위, 미시(尾翅)는 꼬리지느러미를 일컫는다. 품질은 도시(刀翅), 청시(青翅) 순으로 좋으며 그중 미시(尾翅)가 품질이 가장 낮다. 상어지느러미의 품질은 건조상태가 좋고 윤이 나는 백색을 띠며 길이가 긴 것이 최상품이다.

● 해삼(海蔘, hǎi shēn)

예로부터 해삼은 "虽生于海, 基性溫補"라고 하였다. 그 뜻은 "비록 바다에서 서식하지만, 그 성질은 따뜻하고 기력

을 보충하는 효능이 있다"라는 의미로 바다의 인삼 즉 해삼이라 불리게 되었다. 중국요리의 고급식자재이며 바다의 팔진 중의 하나이다. 중국에서 생산되는 해삼의 품종은 60여 종이 있는데 그중에 식용으로 사용되는 것은 20종류이다. 해삼은 크게 자삼(刺參)과 광삼(光參) 두 종류로 나누어진다. 자삼(刺參)은 회자삼(灰刺參), 매화삼(梅花參), 회자삼(灰刺參), 황옥삼(黃玉參) 그 중 회자삼(灰刺參)의 품종이 가장 좋다. 광삼(光參)은 흑유삼(黑乳參), 과삼(瓜參), 화삼(靴參), 가삼(茄參)과 극삼(克參)이 있다. 그중 회자삼(灰刺參)이 최상품이다. 해삼은 단백질과 무기질이 풍부하고 요리할 때 육수와 생강, 대파, 소흥주를 첨가하며 그 풍미를 향상시킬 수 있다. 특히 건해삼은 불려서 사용해야 하는데 깨끗한 물로 삶아서 식히고 물을 흘려 보내는 과정을 여러번 반복하여 사용해야 한다. 특히

해삼을 불릴 때 너무 오래 삶거나 기름 같은 이물질이 들어가는 것은 절대 금해야 한다. 해삼의 고유한 식감을 저해시키는 요인이 된다.

● 전복(鮑魚, bào yú)

전복은 구공포(九孔鮑) 또는 복어(鰒魚)라도 불린다. 식용 품종으로는 잡색포(雜色鮑), 반대포(盤大鮑), 이포(耳鮑)

그리고 반문포(半紋鮑) 등이 있다. 전복 역시 해삼과 함께 바다의 팔진 중의 하나이다. 중국 해안 일대와 대만 일대에서 많이 생산된다. 영양이 풍부하고 고단백질 식품으로 맑게 찌는 찜 요리와 볶음 요리에 주로 사용된다. 말린 전복의 경우 요리하기 전에 물에 불려서 사용한다.

● 해파리(海蜇皮, hǎi zhé pí)

해파리는 수모(水母), 해타(海鮀) 등의 명칭으로 불리우며, 몸은 한천질로 되어있으며 주로 바다에서 서식하는 것이 대

부분이지만 민물과 바닷물이 교차하는 강어귀에 하는 예외적인 종류들이 있다. 우리가 식용으로 사용하는 해파리는 명반과 소금으로 압착하여 수분을 없애고 깨끗하게 씻은 뒤 다시 소금에 절인 것을 말한다. 조리하기 전에 소금기를 깨끗이 씻어 내고 끓는 물에 살짝 삶아서 흐르는 물에 충분히 불린 후에 냉채 요리에 주로 사용되며, 종류에 따라서 볶음 요리에 사용되기도 한다.

● 자라(甲魚, jiǎ yú)

중국에서는 3000년 전 주(周)
나라 때 자라를 왕실에서 먹었
던 기록이 있으며 그 후로 자
양강장, 불로장생의 건강식으

로 취급되었다. 중국의 "본초서"에는 한약재로 자라가
설명되어 있다. 또한, 중국의 현대 서적인 "중약대사전
(中藥大辭典)"에는 자라를 등딱지, 머리, 살코기, 피,
알, 쓸개, 기름 등으로 나누어 그 효능을 소개하였다.
그 내용을 보면, 자라의 살코기는 양기를 성하게 하고
음기의 부족을 보하며, 피는 안면 신경마비를 다스리
며 결핵이나 산후의 발열을 진정시키고, 알을 소금에
절여 쪄서 먹으면 허약을 보하는 효과가 있다고 적혀
있다. 특히 자라는 중국 광동 요리에 주로 등장하는 식
재료로 불포화 지방산인 리놀산을 많이 함유하고 있
어 보양요리에 주로 사용된다. 자라는 등껍질과 발톱
을 제외하고 모두 먹을 수 있다. 주로 탕요리에 사용되
어지며 살만 따로 발라 농축시켜 젤리 형태로 만들어
볶음 요리에 사용되기도 한다. 자라의 피는 다른 동물
의 피와 마찬가지로 단백질, 칼슘, 철, 비타민 등을 많
이 함유하고 있어 고량주와 함께 섞어 마시기도 한다.

● 새우(蝦, xiā)

새우는 바다, 호수, 기수에 서
식하지만, 국내에서는 주로 바
다 새우를 사용한다. 바다 새
우는 무리지어 서식하며 연안

을 비롯하여 대륙붕 강어귀에 서식하기도 한다. 새우
는 키토산, 칼슘, 타우린 등의 성분을 많이 함유하고
있어 성장기 어린이들에게 특히 좋다. 대하(大蝦)는 대
하(對蝦) 또는 명하(明蝦)라고 불리기도 하며 그 품종
은 약 50종 이상이다. 크기가 20㎝ 이상의 것을 가리킨
다. 중하(中蝦)는 백하(白蝦)라 불리며 크기는 약 10㎝
정도의 크기이다. 소하(小蝦)는 10㎝ 이하의 크기를 의
미하며, 주로 튀김 요리, 찜 요리, 볶음 요리 등 모든 조
리법에 다양한 형태로 사용되는 장점이 있다.

2 향신료

● 대료, 팔각(大料, dàliào, 八角, bājiāo)

"팔각회향(八角茴香)", "대회향(大茴香)", "대료(大料)"라고 부른다. 회향나무의 열매이며 열매가 익기 전에 수확하여 건조 후에 사용한다. 중국에서는 중요한 경제 작물 중 하나이다. 중국 주요산지는 광서자치구, 광동성 그리고 운남성 일대에서 생산한다. 팔각형태의 오각별 모양을 가지고 있어 붙여진 이름이며 그 향기 또한 진하게 나는 특징이 있다. 색은 자홍색을 띠고, 알이 크고, 기름을 많이 함유하고 있는 것이 최상품이다. 중국요리에 많이 쓰이는 대표적인 향신료로 고기를 삶거나 조림을 할 때 사용하며 향을 내고 잡냄새를 제거하는 역할을 한다. 성질은 맵고 달며, 따뜻하여 찬 성질을 다스리는 데 사용한다. 고기를 재워두었다 만드는 요리에 주로 사용된다.

● 계피(桂皮, guìpí)

계수나무의 얇은 나무껍질이다. 줄기 및 가지의 나무껍질을 벗기고 코르크층을 제거하여 말린 것이다. 중국의 주요 산지는 광서자치구와 광동성, 절강성, 호남성, 호북성, 사천 등지에서 많이 생산된다. 계피의 외피는 흑갈색을 뛰며, 내피는 엷은 홍색을 띠는 것이 좋다. 맛은 단맛과 매운맛이 있으며, 코와 위를 다스리고 풍한을 없애는 탁월한 효과가 있어 약용으로 쓰기도 하고 향료로 사용하기도 한다. 독특한 향이 있어 음식의 맛과 향을 좋게 한다.

● 정향(丁香, dīngxiāng)

"정자향(丁子香)", "지해향(支解香)"이라 불리기도 한다. 정향나무의 꽃봉오리이다. 꽃이 피기 전 꽃봉오리를 따서 말린 것이다. 원산지는 인도네시아이며 중국에서는 광동성과 광시자치구에서 재배를 하고 있다. 중의학에서는 정향과 울금은 상극이므로 같이 사용하지 않는 것이 좋다고 말한다. 향기가 매우 강하므로 조리 시 사용량에 각별한 주의가 필요하며, 맛은 맵고 더운 성질을 가지고 있다. 그리고 위와 신장을 따뜻하게 해주고 양기를 북돋아 주는 효과가 있다. 정향을 사용하여 만들어진 대표적인 요리는 정향용어(丁香鱅鱼), 정향계(丁香鷄), 정향리(丁香梨)등이 있다.

● 산초(花椒, huājiāo)

"대초(大椒)", "촉초(蜀椒)", "천초(川椒)" 산초나무의 열매를 햇빛에 건조시킨 것으로 원산지는 중국이다. 중국 전 지역에 고루 분포되어 있으며 주요산지는 감숙성, 산시성, 사천성, 하북성, 산동성, 산시성, 운남성 등이다. 얼얼함이 오래 지속되면서 향이 진하고, 알맹이가 크고 고르며, 흑홍색을 띠면서 윤기가 흐르는 것이 좋은 품질이다. 사천성의 한원(漢源) 지방의 품질이 가장 우수하다. 한때는 황실에 진상을 하기도 해서 "공초(貢椒)"라고 불리기도 했다. 매운맛을 내는 조미료이다. 특히 사천요리에 광범위하게 사용되며, 탕 요리에도 이용한다. 산초는 향신료로 사용하기도 하지만 약용으로도 쓸 수 있고 기름으로도 짤 수 있다. 알갱이 상태와 가루상태로 빻아서 쓰거나 소금과 같이 볶아서 산초 소금(椒鹽)을 만들어 찍어 먹는 양념장으로도 사용한다. 껍질의 색은 붉은색, 검은색, 황백색 등이 있다.

● 소회향(小茴香, xiǎo huí xiāng)
"회향(茴香)", "곡향(谷香)", "소향(小香)"이라 부르기도 한다. 회양식물의 과실이며 건조 후에 사용된다. 원산지는 중국

중해 지역이며 중국 전역에서 보편적으로 재배가 이루어진다. 주산지는 내몽고, 산서성, 감숙성, 섬서성 등지가 대표적이다. 알맹이가 꽉 차 있고, 색은 황록색을 띄고, 입자가 균일하고, 향이 진한 것이 최상품이다. 고기를 삶는 요리에 주로 사용되며 향이 강하여 음식에 향을 더하거나 불쾌한 맛을 없애주는 향신료이다. 주로 소고기, 돼지고기, 양고기 등 오래 끓이는 요리에 사용된다. 소회향의 성질은 맵고, 따뜻하며 몸에 냉기를 제거하고 위를 보호하는 효능을 가지고 있다.

● 고수(香菜 xiāngcài)
고수는 전 세계적으로 폭넓게 사용되는 향신료이며 특히 중국과 동남아 일대, 태국, 인도, 유럽에서 육류의 잡냄새와 저

장을 위해 사용되는 효과적인 향신채로 중국요리에 많이 사용된다. 독특한 비린 냄새 때문에 싫어하는 사람이 많지만, 조리하거나 다른 향료와 배합하면 그 향미를 즐길 수 있다. 고수는 주로 잎과 줄기를 사용하지만, 모든 부분이 식용 가능하다. 고수의 말린 씨는 특유의 향과 감귤맛을 지니고 있어 닭고기, 오리고기 그리고 채소 요리에 사용된다. 잎은 곱게 다져서 냉채 요리에 소스로 사용하면 특유의 향을 없애고 부드러운 향을 느낄 수 있다. 고수는 입맛을 돋우고 소화를 촉진하여 위를 보호하는 데 도움이 된다.

3 조미료

중국요리의 맛을 이루는 기본적인 조미료 이외에 요리의 특징을 살려주는 조미료에 대해 살펴보면, 국내에도 대중화되어 있는 굴을 발효하여 만든 굴소스, 콩과 고추를 발효하여 만든 두반장, 노두유, 첨면장, 두시장, 해선장 등이 있다.

● 굴소스(蚝油, háo yóu)

굴소스는 "모려장유(牡蛎醬油)"라고 불리기도 한다. "모려(牡蛎)"는 굴을 칭하는 또 하나의 중국어로 굴로 만든 일종의 간장이라고 표현해 붙여진 이름이다. 굴과 조개류 등을 소금에 절여 발효시킨  액에 조미하여 만든 소스이다. 중국에서 남방지역의 해안지역에서 주로 생산하며, 광동지역의 제품들을 최고급으로 여긴다. 굴소스의 색은 진한 홍갈색을 띠며, 영양이 풍부하며 신선함이 중요하다. 볶음, 조림, 구이, 냉채 등을 만들 때 자주 사용한다. 최근에는 여러 식품회사에서 다양한 상표를 만들어 출시하고 있다.

● 두반장(豆瓣醬, dòu bàn jiàng)

두반장은 "두반(豆瓣)"이라고도 부르며, 사천지방의 비현두반장(郫县豆瓣酱)이 특산품이지만, 매운맛을 선호하지 않는 각 지역적 식습관에 맞게 다양한 형태로  이루어져 있다. 대두와 고추를 발효하여 만든 소스이다. 특히 잠두콩을 주원료로 하여 만든 전통적인 것으로 발효 된장에 고추나 향신료를 넣어 특유의 매운맛과 향기가 있다. 두반장의 산지와 사용지역은 사천지역을 포함한 남방 일대이지만 중국인들이 즐겨 애용하는 전통적인 조미료이다. 중국요리의 무침, 볶음, 조림 등에 골고루 사용된다.

● 두시장(豆豉醬, dòu chǐ jiàng)

두시는 "시(豉)", "강백(康伯)", "납두(纳豆)"라고도 부른다. 황두와 흑두를 삶아서 찐 뒤에 발효시킨 것으로, 중국에는 1400전 부터 두시의 제조법이 민간에 보급되었고 서민들이 즐기는 식품으로 자  리잡았다. 두시는 사용되는 재료와 풍미가 다양하지만, 크게 건두시(乾豆豉), 강두시(姜豆豉), 수두시(水豆豉) 세 종류로 분류 할 수 있다. 건두시(乾豆豉) 제조법은 검은 대두와 황대두를 원료로 하여 물에 불려 푹 찐 후 소금, 술과 술지게미를 넣고 발효가 되면 한번 섞어서 항아리에 넣고 입구를 봉하여 햇볕에 7일간 말려준다. 다시 살짝 말린 후 섞어 항아리에 담아 봉하는 등의 과정을 7번 거친 두시는 향이 나며 독특하고 신선한 짠맛이 난다. 음식 특유의 신선한 맛을 증가시키고 나쁜 맛은 감춰주는 역할을 한다. 사천성도의 태화두시(太化豆豉)와 중경의 동천두시(潼川豆豉), 영천두시(永川豆豉)의 품질이 가장 우수하다. 강두시(姜豆豉), 수두시(水豆豉) 모두 황두를 사용하는데, 강두시(姜豆豉)는 황두를 충분히 삶은 다음 천연 발효를 시킨 뒤에 소금과 술, 랄초장(辣椒醬), 향료와 늙은 생강(老姜)을 넣어 완성한다. 수두시(水豆豉)는 물을 넣고 한 번 더 삶아서 완성한다. 강두시(姜豆豉), 수두시(水豆豉)는 집에서 충분히 만들 수 있어 가정요리에 주로 사용된다.

● **해선장**(海鮮醬, hǎi xiān jiàng)
소금에 절인 새우장, 게장, 대합장 등
을 말한다. 주로 볶음이나 조림에 많이
사용되는데, 신선하면서도 붉은빛을
보인다.

● **노추**(老抽, lǎo chōu)
색이 진한 간장을 말하는데 노두추(老
頭抽)라고 한다. 광동 일대에서 쓰이며,
맛은 약간 달고 짠맛이 덜하다.

● **첨면장**(甛麵醬, tián miàn jiàng)
첨면장은 "첨장(甛醬)", "금장(金醬)", 이
라고 부르며 중국의 전 지역에서 고루
생산되며 밀가루를 주원료로 하여 소금
과 물을 넣고 숙성를 시킨 뒤에 항아리
에 넣고 발효를 시켜 사용한다. 완성되

면 황록색이나 짙은 홍갈색을 띠고, 순하고 부드러운
단 맛을 내는 것이 특징이다. 고기를 조리거나 볶을 때
주로 사용하며, 대파와 양파 같은 것을 찍어먹을 때 사
용하기도 한다.

수험자 유의사항

1. 만드는 순서에 유의하며, 위생과 숙련된 기능평가를 위하여 조리작업 시 맛을 보지 않습니다.

2. 지정된 수험자 지참 준비물 이외의 조리기구나 재료를 시험장 내에 지참할 수 없습니다.

3. 지급재료는 시험 전 확인하여 이상이 있을 경우 시험위원으로부터 조치를 받고 시험 중에는 재료의 교환 및 추가지급은 하지 않습니다.

4. 요구사항의 규격은 '정도'의 의미를 포함하며, 지급된 재료의 크기에 따라 가감하여 채점합니다.

5. 위생복, 위생모, 앞치마를 착용하여야 하며, 시험장비·조리도구 취급 등 안전에 유의합니다.

6. 다음 사항에 대해서는 채점대상에서 제외하니 특히 유의하시기 바랍니다.

(가) 기권

- 수험자 본인이 시험 도중 시험에 대한 포기 의사를 표현하는 경우

(나) 실격

- 가스레인지 화구 2개 이상(2개 포함) 사용한 경우

- 불을 사용하여 만든 조리작품이 작품 특성에 벗어나는 정도로 타거나 익지 않은 경우

- 위생복·위생모·앞치마를 착용하지 않은 경우

- 시험 중 시설·장비(칼, 가스레인지 등) 사용 시 감독위원 및 타수험자의 시험 진행에 위협이 될 것으로 심사위원 전원이 합의하여 판단한 경우

- 미완성
  - 시험시간 내에 과제 두 가지를 제출하지 못한 경우
  - 문제의 요구사항대로 과제의 수량이 만들어지지 않은 경우

- 오작
  - 구이를 조림 등으로 조리하여 완성품을 요구사항과 다르게 만든 경우
  - 해당과제의 지급재료 이외의 재료를 사용하거나 석쇠 등 요구사항의 조리도구를 사용하지 않은 경우

- 요구사항에 표시된 실격, 미완성, 오작에 해당하는 경우

7. 항목별 배점은 위생상태 및 안전관리 5점, 조리기술 30점, 작품평가 15점입니다.

8. 시험 시 전 가벼운 몸풀기(스트레칭) 동작으로 긴장을 풀고 시험을 시작합니다.

중식 조리기능사 실기시험

합격하기

● 20가지 레시피 ●

오징어냉채 / 해파리냉채

탕수육 / 깐풍기 / 탕수생선살

난자완스 / 홍쇼두부

마파두부 / 새우케첩볶음 / 양장피잡채 / 고추잡채 / 채소볶음/라조기 / 부추잡채 / 경장육사

유니짜장면 / 울면

새우볶음밥

빠스옥수수 / 빠스고구마

오징어냉채

凉拌魷魚 (墨魚)
liáng bàn yóu yú (mò yú)

조리시간 20분

오징어냉채는 식사의 첫 코스에 나오는 요리로 애피타이저에 해당하므로 식욕을 촉진할 수 있도록 단촛물, 겨자소스, 생강소스 등을 주로 이용하여 차게 내는 요리이다.

요 / 구 / 사 / 항

가. 오징어 몸살은 종횡으로 칼집을 내어 3~4cm 정도로 썰어 데쳐서 사용하시오.

나. 오이는 얇게 3cm 정도 편으로 썰어 사용하시오.

다. 겨자를 숙성시킨 후 소스를 만드시오.

지 / 급 / 재 / 료 / 목 / 록

갑오징어살(오징어 대체 가능)	100g	소금(정제염)	2g
오이(가늘고 곧은 것, 20cm 정도)	1/3개	참기름	5㎖
식초	30㎖	겨자	20g
백설탕	15g		

감독자 시선 POINT

● 오징어 몸살은 반드시 데쳐서 사용해야 한다.

● 간을 맞출 때는 소금으로 적당히 맞추어야 한다.

합격을 위한 TIP

● 겨자는 반드시 끓는 물로 섞어주어야 겨자 고유의 향을 살릴 수 있다. 겨자와 끓는 물의 비율은 1:1이면 충분하다. 따뜻한 곳에서 10분 이상 반드시 숙성시킨 후 식초와 백설탕도 동일하게 넣어주면 맛을 더 낼 수 있다.

● 겨자(10g) : 끓는 물(10㎖) : 식초(10㎖) : 백설탕 (10g) = 1 : 1 : 1 : 1

● 소량의 소금만을 첨가한다.

※ 중국요리에서 냉채(凉拌)는 일반적으로 버무려내는 것을 의미한다.

 **만드는 방법**

1 겨자 숙성하기

겨자에 끓는 물을 넣고 잘 개어서 랩으로 싼 후 따뜻한 곳에서 10분 정도 숙성한다.

2 오이 썰기

오이는 얇게 3㎝ 정도 폭으로 편을 썰어 준비한다.

3 오징어 손질하여 데치기

오징어 몸살은 껍질을 제거하여 종·횡으로 칼집을 내어 3~4㎝로 편을 썰고, 끓는 물에 살짝 데쳐 찬물에 헹궈 물기를 제거하고 준비한다.

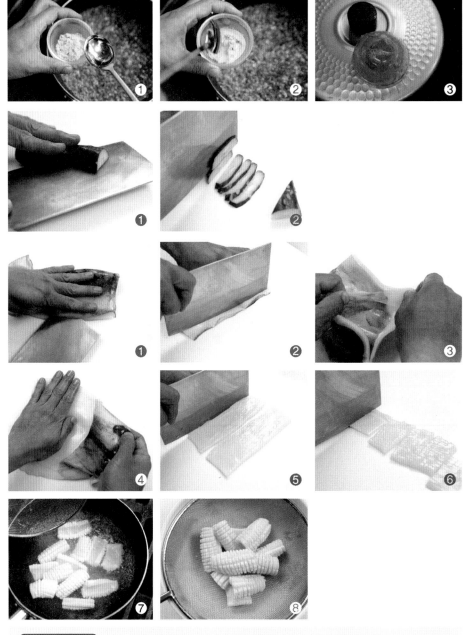

유용한 TIP ● 오징어 껍질은 굵은 소금을 사용하여 제거하면 쉽게 할 수 있다. 상황에 따라서 키친타올이나 사용하지 않은 깨끗한 행주를 사용해도 손쉽게 제거할 수 있다.

4 겨자 소스 만들기

겨자가 다 숙성되면 겨자, 식초,
설탕의 비율을 1:1:1로 혼합하
여 소스를 만든다. 소량의 소금과
참기름을 넣는다.

유용한 TIP ● 겨자, 식초, 설탕의 비율을 1:1:1의 비율로 하면 굳이 물을 넣지 않아도
맛있고 윤기 있는 겨자 소스를 만들 수 있다.

5 소스 끼얹어 완성하기

오징어편과 오이편을 섞어 접시에
담고 겨자 소스를 골고루 끼얹어
먹음직스럽게 오징어 냉채를 완
성한다.

유용한 TIP ● 숙성된 겨자 소스는 일반적으로 버무려서 제출하나 시험장의 특별한 요
구가 있을 경우 작은 종지에 담아서 곁들어 내기도 한다.

---

1 겨자 숙성하기　　**2** 오이 썰기　　**3** 오징어 손질하여 데치기　　**4** 겨자 소스 만들기　　**5** 소스 끼얹어 완성하기

해파리냉채

凉拌海蜇皮
liáng bàn hǎi zhé pí

조리시간 20분

해파리냉채는 꼬들꼬들한 해파리와 다양한 채소를 겨자소스 또는 마늘소스에 버무려 먹는 음식이다. 식초가 들어가 입맛을 돋우는 전채 역할을 톡톡히 한다.

02

요 / 구 / 사 / 항

가. 해파리는 염분을 제거하고 살짝 데쳐서 사용하시오.

나. 오이는 0.2×6㎝ 정도 크기로 어슷하게 채를 써시오.

다. 해파리와 오이를 섞어 마늘소스를 끼얹어 내시오.

지 / 급 / 재 / 료 / 목 / 록

해파리	150g	백설탕	15g
오이(가늘고 곧은 것, 20㎝정도)	1/2개	소금(정제염)	7g
식초	45㎖	참기름	5㎖
마늘(깐 것)	3쪽		

감독자 시선 POINT

● 해파리는 끓는 물에 살짝 데친 후 사용한다.

● 냉채에 소스가 침투되게 하고, 냉채는 함께 섞어 버무려 담는다.

합격을 위한 TIP

● 해파리를 빨리 불리고자 할 때는 염장된 해파리의 염분을 물로 씻어 제거한 후에 끓는 물에 데쳐내어 해파리가 잠길 정도의 물량(100cc)에 식초(10cc)를 희석하여 담가 둔다. 다시 찬물을 흘려서 불리면 해파리 불리는 시간을 단축할 수 있다. 이 방법으로 불린 해파리를 장시간 두고 사용할 경우 탄력이 떨어질 수 있다. 불린 후에 바로 사용하는 것이 좋은 식감을 유지할 수 있다.

만드는 방법

1 재료 손질하기

· 오이

오이는 0.2 × 6㎝의 길이로 어슷하게 채 썬다.

· 마늘

마늘은 씻어서 꼭지를 제거한 후 칼 옆면을 사용하여 부순 후에 칼날을 사용하여 곱게 다진다.

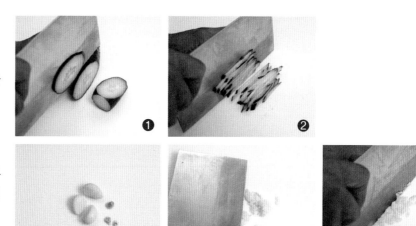

유용한 TIP
- 오이는 요구사항에 제시된 크기를 반드시 지켜야 한다.
- 마늘을 반으로 자른 후에 칼 면을 사용하여 부수면 옆으로 튀는 것을 방지할 수 있다.

2 마늘 소스 만들기

물 15㎖, 소금 2g, 백설탕 5g, 식초 5㎖를 넣고 잘 섞은 다음, 다진 마늘을 넣어 소스를 완성한다.

유용한 TIP
- 마늘이 숙성될수록 좀 더 깊은 맛이 우러난다.

3 해파리 데치기

염장되어 있는 해파리의 염분을
물로 헹궈서 제거한 뒤, 끓는 물에
살짝 삶아서 건져낸다.

4 해파리 불리기

찬물을 흘려 가볍게 손으로 비벼
염분기를 제거하고, 수돗물을 계
속 흘려 해파리를 불린다. 불린 해
파리는 건져서 물을 꼭 짠 다음,
식초를 조금 넣고 살짝 버무려준다.

5 완성하기

불린 해파리와 채 썬 오이를 섞어
접시에 입체감 있게 담고 소스를
얹어서 완성한다.

1	**2**	**3**	**4**	**5**
재료 손질하기	마늘 소스 만들기	해파리 데치기	해파리 불리기	완성하기

탕수육

糖醋肉
táng cù ròu

**조리시간
30분**

중국 말로는 '탕추러우(糖醋肉)'라 한다. 쇠고기나 돼지고기를 튀긴 뒤 소스를 부어
먹거나 찍어 먹는 요리로, 대표적 중국요리 중 하나이다.

요 / 구 / 사 / 항

가. 돼지고기는 길이를 4㎝ 정도로 하고 두께는 1㎝ 정도의 긴 사각형 크기로 써시오.

나. 채소는 편으로 써시오.

다. 앙금녹말을 만들어 사용하시오.

라. 소스는 달콤하고 새콤한 맛이 나도록 만들어 돼지고기에 버무려 내시오.

지 / 급 / 재 / 료 / 목 / 록

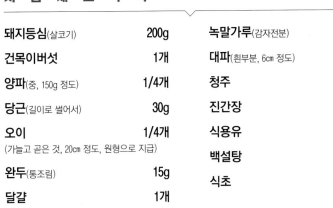

돼지등심(살코기)	200g	녹말가루(감자전분)	100g
건목이버섯	1개	대파(흰부분, 6cm 정도)	1토막
양파(중, 150g 정도)	1/4개	청주	15㎖
당근(길이로 썰어서)	30g	진간장	15㎖
오이	1/4개	식용유	800㎖
(가늘고 곧은 것, 20cm 정도, 원형으로 지급)		백설탕	100g
완두(통조림)	15g	식초	50㎖
달걀	1개		

감독자 시선 POINT

- 녹말가루 농도에 유의한다.

- 맛은 시고 단맛이 동일해야 한다.

합격을 위한 TIP

- 160℃에서 튀긴 후 건져내어 수분을 살짝 제거한 뒤, 170℃에서 한 번 더 튀겨낸다.

- 채소색이 변하지 않게 팬이 충분히 달궈 진 후에 기름을 두르고 당근, 양파, 오이, 목이버섯, 완두 순으로 볶는다.

- 튀김기름의 온도를 확인할 때는 튀김옷을 약간 뿌려 확인해 본다.

- 소스를 미리 만들어놓는 것도 좋은 방법 이다.

- 소스를 바로 만들 때 식초를 먼저 넣으면 더 부드럽다.

 **만드는 방법**

1 앙금녹말 만들기

감자전분에 동량의 물을 넣어 앙
금녹말을 만든다.

❶

2 재료 손질하기

오이, 양파, 당근은 편으로 썰고,
목이버섯은 불려 손으로 찢어놓
는다. 대파는 굵게 채 썰어 준비
하고, 생강은 다져 놓는다. 돼지
고기는 길이 4㎝, 두께 1㎝ 정도의
긴 사각형으로 썰어 생강즙, 진간
장, 청주로 밑간을 한다.

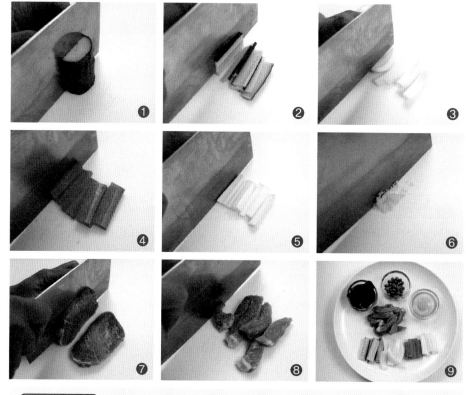

유용한 TIP ● 조리하기 전에 재료준비가 철저하여야 요리의 완성도를 높일 수 있다.

3 앙금녹말로 튀김옷 만들기

만들어 놓은 앙금녹말 위에 뜬 물을 버리고 밑에 가라앉은 앙금에 달걀물을 섞어 튀김옷을 만든다.

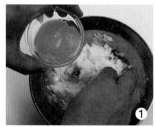

유용한 TIP ▷ ● 달걀은 흰자와 노른자 모두 사용해도 무방하나 첨가하는 양에 주의해야 한다. 주의하지 않으면 튀김의 바삭함을 저해한다.

4 튀기기

직사각형으로 자른 돼지고기에 튀김옷을 입혀, 160℃의 기름에 한 번 튀겨낸 뒤 건져내어 고기를 살짝 두드려 속에 있는 수분을 제거하고, 170℃의 기름에 다시 한번 더 튀긴다.

5 소스 만들기

팬에 기름을 두르고 대파와 다진 생강을 넣고 살짝 볶아 준다. 손질한 채소를 넣고 살짝 볶은 후, 식초를 넣고 물 200㎖와 설탕, 진간장을 넣어 끓인 후 완두콩을 넣고 물녹말을 넣어 농도를 맞춘다.

6 버무리기

튀긴 돼지고기를 소스와 재빠르게
버무려낸 뒤, 접시에 보기 좋게
담아낸다.

7 완성하기

접시에 수북이 담아서 완성한다.

①	②	③	④	⑤	⑥	⑦
앙금녹말 만들기	재료 손질하기	앙금녹말로 튀김옷 만들기	튀기기	소스 만들기	버무리기	완성하기

깐풍기

乾烹鷄
gàn pēng jī

조리시간
30분

튀긴 닭고기에 매콤한 소스를 끼얹어 먹는 중국요리이다. '깐풍'은 한자로 '건팽(乾烹)'
이며 이는 소스를 마르게 '졸여낸다'라는 의미의 건(乾)과 '볶다'라는 의미의 팽(烹)에,
닭고기의 계(鷄)가 합쳐진 단어이다.

요 / 구 / 사 / 항

가. 닭은 뼈를 발라낸 후 사방 3㎝ 정도 사각형으로 써시오.

나. 닭을 튀기기 전에 튀김옷을 입히시오.

다. 채소는 0.5×0.5㎝로 써시오.

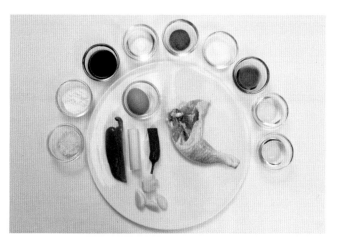

지 / 급 / 재 / 료 / 목 / 록

닭다리	1개
(한마리 1.2㎏ 정도, 허벅지살 포함 반마리 지급 가능)	
진간장	15㎖
검은 후춧가루	1g
청주	15㎖
달걀	1개
백설탕	15g
녹말가루(감자전분)	100g
식초	15㎖

마늘(중, 깐 것)	3쪽
대파(흰부분 6㎝ 정도)	2토막
청피망(중, 75g 정도)	1/4개
홍고추(생)	1/2개
생강	5g
참기름	5㎖
식용유	800㎖
소금(정제염)	10g

감독자 시선 POINT

● 소스와 혼합할 때 프라이팬이 타지 않도록 해야 한다.

● 잘게 썬 채소의 비율이 동일해야 한다.

합격을 위한 TIP

● 깐풍이라는 조리법에는 소스가 주재료에 스며들어야 하며, 물녹말로 농도처리를 하지 않으므로 유의해야 한다.

 **만드는 방법**

1 재료 손질하기

홍고추, 청피망, 대파는 0.5×0.5㎝ 크기로 잘게 썰어 준비한다. 마늘과 생강은 다져 놓는다.

2 닭고기 손질하기

닭고기는 뼈를 발라내어 사방 3㎝ 정도 크기로 썰어 소금, 청주, 후추로 밑간을 한다.

3 튀김옷 만들기

물과 녹말가루로 물전분을 만들고, 달걀을 섞어 튀김옷을 만들고 밑간을 한 닭고기 위에 부어서 튀김옷을 입혀서 준비한다.

유용한 TIP ● 튀김 반죽을 만든 후에 반죽을 닭고기 위에 부어 섞어서 튀기면 좋은 튀김을 만들 수 있다.

4 소스 만들기(1)

물 45㎖, 진간장 15㎖, 식초 15㎖, 백설탕 15g, 소금 10g, 후춧가루를 넣고 소스를 미리 만들어 준비한다.

유용한 TIP ● 깐풍기는 짧은 시간에 조리가 이루어지므로 초보 조리사들은 깐풍 소스를 미리 만들어서 사용하는 것이 효율적이다.

5 튀기기

튀김옷을 입힌 닭고기를 160℃의 기름에 초벌 튀김을 한 후 건져서 살짝 두들겨서 수분을 제거한 후 한 번 더 튀긴다.

 **만드는 방법**

6 소스 만들기(2)

코팅한 팬에 식용유를 두르고 대파, 생강, 마늘을 넣고 향을 낸 뒤에 홍고추와 청피망을 넣고 볶은 뒤 미리 준비한 소스를 넣어 살짝 끓인다.

7 버무리기

튀겨낸 닭고기를 넣고 재빨리 버무린다.

유용한 TIP > ● 튀긴 닭고기와 소스를 버무릴 때는 재빨리 팬을 돌려서 섞어주어야 하며, 너무 오래 버무려서 튀김이 눅눅해지지 않도록 주의해야 한다.

8 완성하기

참기름을 조금 넣어 마무리하고
접시에 수북이 담아내어 완성한다.

유용한 TIP ● 완성된 요리는 닭고기에 소스가 고루 배어 있어야 하며 소스가 많지 않아야
한다.

재료 손질하기 　 닭고기 손질하기 　 튀김옷 만들기 　 소스 만들기(1) 　 튀기기 　 소스 만들기(2) 　 버무리기 　 완성하기

탕수생선살

糖醋魚塊
táng cù yú kuài

조리시간
30분

생선살을 이용한 탕수육으로 튀긴 생선살을 새콤하게 끓인 소스를 끼얹은 요리이다.

요 / 구 / 사 / 항

가. 생선살은 1×4㎝ 크기로 썰어 사용하시오.

나. 채소는 편으로 썰어 사용하시오.

지 / 급 / 재 / 료 / 목 / 록

재료	수량	재료	수량
흰살생선 (껍질 벗긴 것, 동태 또는 대구)	150g	녹말가루(감자전분)	100g
		식용유	600㎖
당근	30g	식초	60㎖
오이(가늘고 곧은 것, 20㎝ 정도)	1/6개	백설탕	100g
완두콩	20g	진간장	30㎖
파인애플(통조림)	1쪽	달걀	1개
건목이버섯	1개		

만드는 방법

1 재료 손질하기

오이, 당근은 편으로 썰고, 목이
버섯은 물에 불려 먹기 좋은 크
기로 뜯어놓는다. 원형 파인애플
은 8등분 한다. 흰살생선은 1×4cm
정도의 길이로 썰어 준비한다. 녹
말가루와 물, 달걀로 튀김 반죽
을 준비한다. 생선살은 물기를 제
거한 후 튀김옷을 골고루 묻힌다.

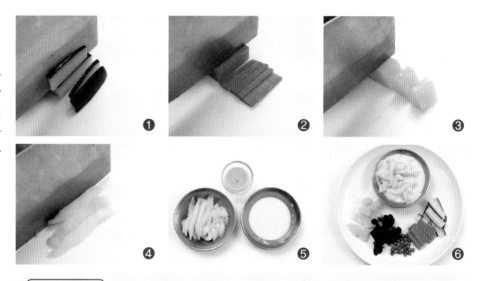

유용한 TIP

● 생선과 같은 흰살 재료는 튀김 반죽 시 달걀흰자를 사용하는 것이 좋다.
하지만 전란을 사용해도 무방하다. 단 달걀의 양에 주의해야 한다. 튀김
반죽에 달걀의 양을 많이 첨가하면 튀김의 바삭함이 떨어진다.

● 조리하기 전에 재료준비가 철저해야 요리의 완성도를 높일 수 있다.

2 튀기기

튀김옷을 묻힌 생선살을 160℃의
기름에 두 번 바삭하게 튀겨낸다.

3 소스 만들기

팬에 기름을 두르고 준비한 채소를 넣어 살짝 볶은 후 식초, 물, 설탕, 간장을 넣는다. 소스가 끓으면 불을 끄고 물녹말을 넣어 잘 섞은 다음, 다시 불을 켜고 녹말을 익혀 농도를 맞춘다.

4 버무리기

농도가 맞추어지면 튀겨낸 생선살을 소스에 넣고 살짝 버무린다.

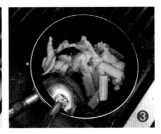

5 완성하기

생선살이 으깨지지 않도록 맛있게 담아내어 완성한다.

난자완스

腩煎丸子
nǎn jiān wán zǐ

**조리시간
25분**

소고기 또는 돼지고기를 잘 다져서 만든 완자에 볶은 채소와 함께 소스에 졸여 먹는
중국요리다.

요 / 구 / 사 / 항

가. 완자는 직경 4cm 정도로 둥글고 납작하게 만드시오.

나. 완자는 손이나 수저로 하나씩 떼어 팬에서 모양을 만드시오.

다. 채소 크기는 4cm 정도 크기의 편으로 써시오(단, 대파는 3cm 정도).

라. 완자는 갈색이 나도록 하시오.

지 / 급 / 재 / 료 / 목 / 록

돼지등심(다진 살코기)	200g	생강	5g
마늘(중, 깐 것)	2쪽	검은 후춧가루	1g
대파(흰부분 6cm 정도)	1토막	청경채	1포기
소금(정제염)	3g	진간장	15㎖
달걀	1개	청주	20㎖
녹말가루(감자전분)	50g	참기름	5㎖
죽순(통조림, 고형분)	50g	식용유	800㎖
건표고버섯	2개		
(지름 5cm 정도, 물에 불린 것)			

합격을 위한 TIP

● 완자를 만들기 전에 재료를 충분히 섞어 주어야 고기가 부드러워지고 양념이 골고루 스며든다.

만드는 방법

1 재료 손질하기

청경채, 표고버섯, 죽순은 4㎝ 정
도, 대파는 3㎝ 정도의 길이로 편
을 썰어 준비한다. 마늘과 생강은
곱게 다진다.

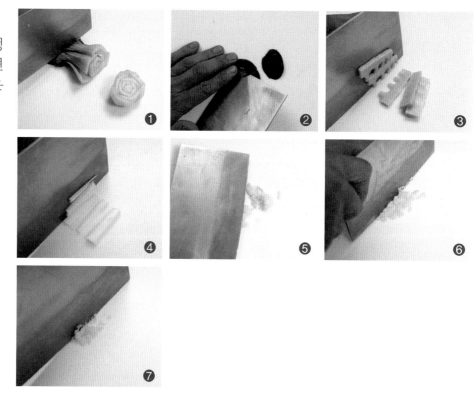

2 돼지고기 손질하기

돼지고기 등심은 한번 더 곱게 다
져서 소금, 후추, 녹말가루, 달걀
을 넣고 반죽한다.

유용한 TIP ● 다진 돼지고기를 충분히 섞어 주어야 완자의 모양이 매끄럽게 된다.

3 채소 데치기

손질된 채소를 끓는 물에 데쳐
놓는다.

유용한 TIP ● 채소를 데칠 때 소량의 식용유와 소금을 첨가하면 채소의 색이 선명해지고
윤기가 난다.

4 돼지고기 모양 만들어 굽기

반죽한 돼지고기는 왼쪽 손을 사
용하여 살짝씩 움켜쥐면서 둥근
구슬 모양을 만들어 숟가락을 사
용하여 떼어 낸 뒤 기름을 두른
팬에 넣는다. 구슬 모양의 완자
가 익기 전에 국자의 뒷면을 사용
하여 직경 4㎝ 정도의 크기가 되
도록 살짝 눌러준다. 밑면이 어느
정도 익으면 뒤집어서 반대쪽도
익혀준다.

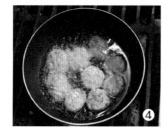

유용한 TIP ● 중국 요리 조리법에서 전(煎)의 조리법은 한국요리의 전보다는 기름양이
조금 더 많은 것이 차이점이다.

만드는 방법

5 채소 볶기

팬에 기름을 두르고 대파, 마늘, 생강을 볶다가 청주, 간장을 넣은 후 충분히 향을 낸다. 데쳐놓은 채소를 넣고 물을 약간 넣는다.

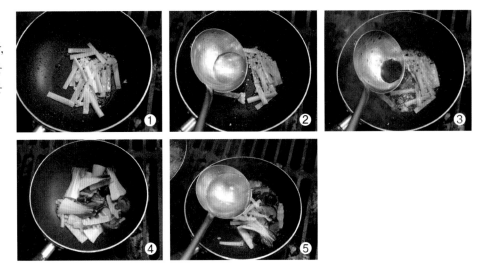

6 졸여가며 버무리기

구운 돼지고기 완자를 볶은 채소가 담겨있는 팬에 넣고 간이 배도록 팬을 좌우로 흔들어 돌리며 살짝 졸여준다. 졸인 후 불을 끄고 물전분을 넣어 잘 저어서 농도를 맞춘다. 다시 불을 켜서 물전분을 익혀준다. 끓기 시작할 때 참기름을 넣고 국자와 팬을 사용하여 잘 섞어 준다.

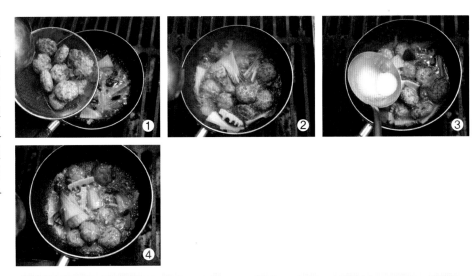

유용한 TIP

● 끓기 전에는 젓지 않아야 한다. 농도를 맞추기 위해 넣은 물전분이 완전히 익은 후 즉 다시 끓기 시작할 때 저어야 한다. 익기 전에 저으면 소스 색이 탁해지게 된다. 숙련된 불 조절 능력이 필요하다.

7 완성하기

완성된 요리를 접시에 소복이 담는다.

 재료 손질하기　　 돼지고기 손질하기　　 채소 데치기　　 돼지고기 모양 만들어 굽기　　 채소 볶기　　 졸여가며 버무리기　　완성하기

홍쇼두부

조리시간
30분

노릇하게 튀긴 두부와 돼지고기에 채소를 넣고 졸인 대표적인 두부 요리이다.

요 / 구 / 사 / 항

가. 두부는 가로와 세로 5cm, 두께 1cm 정도의 삼각형 크기로 써시오.
나. 채소는 편으로 써시오.
다. 두부는 으깨어지거나 붙지 않게 하고 갈색이 나도록 하시오.

지 / 급 / 재 / 료 / 목 / 록

두부	150g	청주	5㎖
돼지등심(살코기)	50g	참기름	5㎖
건표고버섯 (지름 5cm 정도, 물에 불린 것)	1개	식용유	500㎖
		청경채	1포기
죽순(통조림, 고형분)	30g	대파(흰부분 6cm 정도)	1토막
마늘(깐 것)	2쪽	홍고추(생)	1개
생강	5g	양송이(통조림, 큰 것)	1개
진간장	15㎖	달걀	1개
녹말가루(감자전분)	10g		

감독자 시선 POINT

- 두부가 으깨지지 않게 갈색이 나도록 해야 한다.
- 녹말가루의 농도에 유의해야 한다.

합격을 위한 TIP

- 두부를 튀길 때는 너무 높은 온도나 너무 낮은 온도에서 넣는 것을 삼간다.
- 120℃ 정도에서 시작하여 기름온도를 서서히 높여 기름 위에 뜨면 건져낸다.
- 튀김기름에 두부를 넣고 절대 젓지 않는다. 익기 전에 젓게 되면 서로 달라붙게 된다.
- 튀김기름에 이물질이 없는 깨끗한 상태인지를 확인한다.

만드는 방법

1 재료 손질하기

청경채, 홍고추, 건표고버섯, 양송이버섯, 죽순은 두부의 크기에 맞추어 편으로 썰어 준비한다. 대파는 채 썰고 마늘, 생강은 다진다. 돼지고기는 편으로 썰어 청주, 진간장으로 밑간을 하고 물녹말과 달걀에 버무려 놓는다.

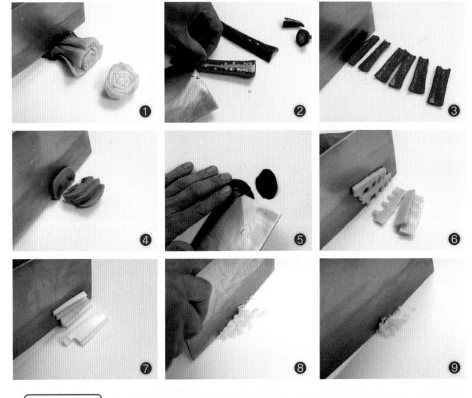

유용한 TIP ▶ ● 조리하기 전에 재료준비가 철저하여야 요리의 완성도를 높일 수 있다.

2 두부 썰어 튀기기

주재료인 두부는 가로, 세로 5㎝, 두께 1㎝의 삼각형으로 잘라 물기를 제거한다. 기름이 120℃ 정도될 때 두부를 하나씩 집어넣고, 온도를 서서히 높여가며 연한 갈색이 나도록 튀긴다.

유용한 TIP ▶ ● 두부를 넣고 절대 젓지 않는다. 두부가 기름 위에 뜰 때 건져낸다.
● 두부의 겉면이 익지 않은 상태에서 젓게 되면 두부가 심하게 달라붙는다.

3 돼지고기 기름에 데쳐서 익히기

편 썰어 밑간한 돼지고기를 넉넉한 기름에 데치듯 익힌다.

4 채소 볶기

팬에 기름을 두르고 대파, 마늘, 생강을 살짝 볶은 후 진간장, 청주를 넣어 향을 내고 채소를 넣어 살짝 볶는다.

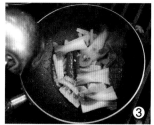

5 버무리기

물을 붓고 끓으면 튀긴 두부와 돼지고기를 넣어준다. 물녹말을 넣으면서 농도를 걸쭉하게 맞춘 뒤, 참기름을 살짝 넣어 마무리한다.

6 완성하기

접시에 완성된 홍쇼두부를 담아서 완성한다.

1 재료 손질하기　**2** 두부 썰어 튀기기　**3** 돼지고기 데쳐서 익히기　**4** 채소 볶기　**5** 버무리기　**6** 완성하기

마파두부

麻婆豆腐
má pó dòu fǔ

조리시간
25분

중국 사천지방을 대표하는 요리로 고추기름에 다진 돼지고기와 향신료, 두부를 넣고
볶아서 만든다.

08

요 / 구 / 사 / 항

가. 두부는 1.5㎝ 정도의 주사위 모양으로 써시오.

나. 두부가 으깨어지지 않게 하시오.

다. 고추기름을 만들어 사용하시오.

지 / 급 / 재 / 료 / 목 / 록

두부	150g	돼지등심(다진 살코기)	50g
마늘(중, 깐 것)	2쪽	백설탕	5g
생강	5g	녹말가루(감자전분)	15g
대파(흰부분 6㎝ 정도)	1토막	참기름	5㎖
홍고추(생)	1/2개	식용유	60㎖
두반장	10g	진간장	10㎖
검은 후춧가루	5g	고춧가루	15g

1 재료 손질하기

홍고추는 반으로 갈라 씨를 제거하고 0.5 × 0.5㎝ 크기의 사각형으로 썰어 준비한다. 대파, 마늘, 생강은 잘게 다진다. 두부는 1.5㎝ 정도 크기의 주사위 모양으로 썰어 끓는 물에 담가 놓는다. 돼지고기는 곱게 다진다. 손질된 모든 재료를 한 접시에 모아서 조리하기 편리하게 담아서 준비한다.

2 고추기름 만들기

팬에 식용유와 고춧가루를 넣어 약한 불에서 저어가며 끓이다가 면보에 걸러 고추기름을 만든다.

3 볶기

팬에 고추기름을 두르고 돼지고기를 볶다가 다진 대파, 마늘, 생강을 넣고 청주, 진간장, 두반장을 넣고 부재료 홍고추를 넣어 볶은 다음, 물을 넣는다.

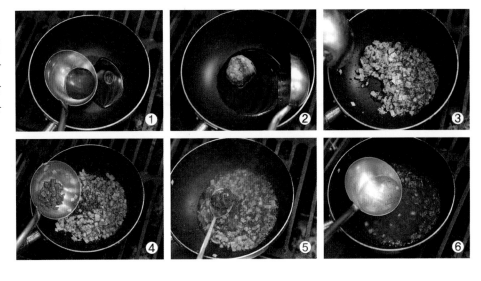

4 섞기

물기를 제거한 두부를 넣어 살짝 조린 뒤 물녹말을 풀어 농도를 맞춘다. 이때 팬을 시계방향으로 돌리면서 골고루 섞어주고 참기름으로 마무리한다.

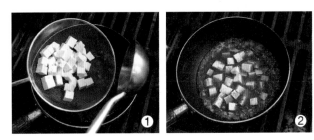

5 완성하기

접시에 담아내어 완성한다.

유용한 TIP ▷ ● 중국 현지에서 마파두부를 담는 그릇은 평평한 접시보다는 볼(bowl) 형태의 그릇에 담아내는 것이 일반적이며, 마파두부 위에 화조(花椒) 가루를 듬뿍 뿌려 낸다. 사천성의 대표적인 음식이다.

1	**2**	**3**	**4**	**5**
재료 손질하기	고추기름 만들기	볶기	섞기	완성하기

새우케찹볶음

조리시간 — 25분

흔히 '간소새우'라고 하는 중국 음식으로 바싹하게 튀긴 새우를 새콤달콤한 케찹 소스에 버무린 요리이다.

요 / 구 / 사 / 항

가. 새우 내장을 제거하시오.

나. 당근과 양파는 1cm 정도 크기의 사각으로 써시오.

지 / 급 / 재 / 료 / 목 / 록

작은 새우살(내장이 있는 것)	200g	**소금**(정제염)	2g
진간장	15㎖	**백설탕**	10g
달걀	1개	**식용유**	800㎖
녹말가루(감자전분)	100g	**생강**	5g
토마토케첩	50g	**대파**(흰부분 6cm 정도)	1토막
청주	30㎖	**이쑤시개**	1개
당근(길이로 썰어서)	30g	**완두콩**	10g
양파(중, 150g 정도)	1/6개		

 **만드는 방법**

1 재료 손질하기

양파, 당근, 대파는 가로, 세로 1
cm 크기로 편을 썰고, 생강은 곱게
다진다. 완두콩은 끓는 물에 데쳐
놓는다. 새우는 이쑤시개를 사용
하여 내장을 제거한 후 물기를 제
거하고 청주를 뿌린다. 손질한 모
든 재료를 한 접시에 담아 가지런
히 담아서 재료 준비를 다시 한번
확인한다.

2 튀김반죽 만들기

달걀과 물녹말을 사용하여 튀김
반죽을 되직하게 만든다.

> 유용한 TIP ● 튀김반죽을 할 때 달걀흰자를 사용하면 좋지만, 전란을 사용해도 무방하다.

3 튀기기

150℃의 온도에 튀김 반죽한 새
우를 한 마리씩 넣고 붙지 않게
초벌 튀김을 하여 건져 낸다. 기
름이 160℃ 정도가 되었을 때 한
번 더 튀겨낸다.

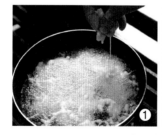 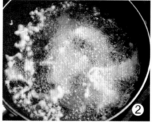

> 유용한 TIP ● 새우를 튀길 때 많이 달라붙게 된다. 새우를 넣을 때 한쪽 방향에서 계속
> 넣지 말고, 상하좌우로 번갈아 가면서 시간 간격을 갖고 넣는다. 튀김이
> 완전히 익기 전에 젓게 되면 더 많이 달라붙게 되므로 어느 정도 익은
> 후에 젓는 것이 바람직하다. 튀김 온도가 너무 낮아도 달라붙게 된다.

4 볶기

달구어진 팬에 기름을 두르고 청주, 대파, 생강을 넣은 뒤 채소를 넣어 볶는다. 토마토케찹 50g, 물 100㎖, 백설탕 10g을 넣고 소금 소량, 진간장 소량을 넣어 간을 한다.

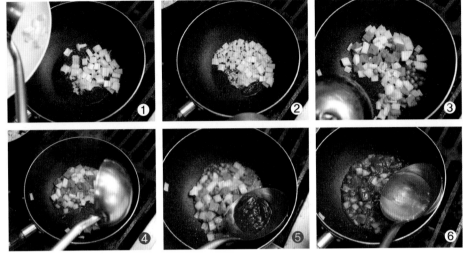

5 버무리기

소스가 끓으면 불을 끄고 물녹말을 푼다. 다시 불을 켜서 농도를 맞추고 튀긴 새우와 완두콩을 넣어 살짝 버무린다.

유용한 TIP
● 소스와 튀긴 새우를 섞는 시간이 너무 길어지면 눅눅해지거나 소스가 졸아들기 때문에 주의해야 한다.
● 물녹말을 넣을 때 불을 끄고 넣어 충분히 저은 다음, 다시 불을 켜고 녹말을 익힌 다음에 불을 켜서 저어야 소스가 탁해지지 않는다.

6 완성하기

접시에 수북이 담아서 완성한다.

 재료 손질하기 ② 튀김반죽 만들기 ③ 튀기기 ④ 볶기 ⑤ 버무리기 ⑥ 완성하기

양장피잡채

炒肉兩張皮
chǎo ròu liǎng zhāng pí

조리시간 35분

양장피와 여러 가지 채소, 해물, 고기를 채 썰어 익혀 매콤한 겨자소스에 버무린 요리
이다. 맛과 색의 조화가 아름답고 화려하여 손님을 대접하는 데 많이 쓰인다.

요 / 구 / 사 / 항

가. 양장피는 4㎝ 정도로 하시오.

나. 고기와 채소는 5㎝ 정도 길이의 채를 써시오.

다. 겨자는 숙성시켜 사용하시오.

라. 볶은 재료와 볶지 않는 재료의 분별에 유의하여 담아내시오.

지 / 급 / 재 / 료 / 목 / 록

양장피	1/2장	참기름	5㎖
돼지등심(살코기)	50g	겨자	10g
양파(중, 150g 정도)	1/2개	식초	50㎖
조선부추	30g	백설탕	30g
건목이버섯	1개	식용유	20㎖
당근(길이로 썰어서)	50g	작은 새우살	50g
오이	1/3개	갑오징어살(오징어 대체 가능)	50g
달걀	1개	건해삼(불린 것)	60g
진간장	5㎖	소금(정제염)	3g

감독자 시선 POINT

● 접시에 담아낼 때 모양에 유의한다.

● 볶은 재료와 볶지 않는 재료의 분별에 유의한다.

합격을 위한 TIP

● 겨자는 끓는 물을 넣어 반죽한 뒤 따뜻한 곳에서 발효시켜야 겨자 고유의 향을 살릴 수 있다.

● 접시에 담을 때 재료의 색깔을 고려하여 좌·우·상·하 대칭이 되게 담아야 색의 조화를 이룰 수 있다.

● 재료의 가짓수가 많기 때문에 순서를 잘 고려하는 것이 중요하다.

 **만드는 방법**

1 겨자 숙성하기

끓은 물에 겨자를 반죽하여 따뜻한 곳에서 숙성시킨다.

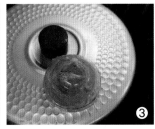

> **유용한 TIP** ● 겨자를 반죽할 때는 따뜻한 물(40℃)이 아닌 끓는 물(100℃)을 사용하는 것이 좋다. 끓는 물을 넣어 반죽한 뒤에 랩을 싸서 숙성을 시키면 좋다.

2 재료 손질하기

오이는 5㎝ 길이로 채 썰어 접시에 가지런히 돌려 담는다. 당근은 편을 썰어 끓는 물에 살짝 데친 뒤 5㎝ 길이로 채 썰어 접시에 가지런히 돌려 담는다. 양파, 부추도 채 썰어 준비한다. 달걀은 황, 백으로 나눠 지단을 부쳐 채 썰고, 접시에 돌려 담는다. 건목이버섯과 건해삼은 물에 불려서 준비한다. 돼지고기는 5㎝ 길이로 채 썰어 소금, 청주로 밑간을 한다. 작은 새우살, 갑오징어살, 불린 해삼은 끓는 물에 데쳐서 식힌 후에 접시에 가지런히 담는다. 끓는 물을 양장피에 부어 불린 뒤 4㎝ 길이로 잘라 놓는다. 참기름에 살짝 버무려 접시에 돌려 담는다.

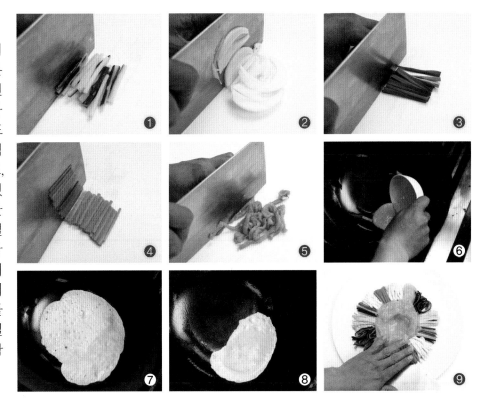

3 겨자 소스 만들기

겨자가 다 숙성되면 겨자와 식초
설탕의 비율을 1:1:1로 혼합하
여 소스를 만든다.

4 재료 볶기

팬에 기름을 두르고 돼지고기를
볶다가 진간장을 넣어 향을 내고
양파, 목이버섯, 부추를 넣고 간
을 하여 볶는다.

5 완성하기

볶은 재료와 볶지 않은 재료를
분별하여 접시에 담아 낸다. 요구
사항이므로 반드시 지켜야 한다.

❶	❷	❸	❹	❺
겨자 숙성하기	재료 손질하기	겨자 소스 만들기	재료 볶기	완성하기

고추잡채

青椒肉絲
qīng jiāo ròu sī

조리시간
25분

채 썬 돼지고기와 피망을 볶아 만든 중국요리이다. 한국식 잡채와 달리 당면이 들어가지 않는다. 꽃빵 등을 곁들여 먹기도 한다.

11

요 / 구 / 사 / 항

가. 주재료 피망과 고기는 5㎝ 정도의 채로 써시오.

나. 고기는 간을 하여 초벌 하시오.

지 / 급 / 재 / 료 / 목 / 록

돼지등심(살코기)	100g	양파(150g 정도)	1/2개
청주	5㎖	참기름	5㎖
녹말가루(감자전분)	15g	식용유	150㎖
청피망(중, 75g 정도)	1개	소금(정제염)	5g
달걀	1개	진간장	15㎖
죽순(통조림, 고형분)	30g		
건표고버섯 (지름 5㎝ 정도, 물에 불린 것)	2개		

감독자 시선 POINT

● 팬을 완전히 달구고, 기름을 둘러 범랑처리
(코팅)를 해야한다.

● 피망의 색이 선명해야 한다.

합격을 위한 TIP

● 피망의 색깔이 선명하도록 너무 볶지 말아
야 한다.

1 재료 손질하기

피망, 양파, 죽순, 표고버섯을 5㎝ 길이로 채 썬다. 고기는 얇게 저 민 후 결 방향으로 5㎝ 길이로 채 썰어 진간장, 후추, 생강, 청주를 넣고 초벌 간을 하여, 달걀과 녹 말을 넣어 잘 버무린다. 손질된 모든 재료를 한 접시에 모아서 조 리하기 편리하게 담아서 준비한 다. 이때 빠진 재료가 없는지 다 시 한번 확인한다.

2 돼지고기 기름에 데쳐서 익히기

채 썰어 양념해 놓은 돼지고기는 기름에 데쳐서 익힌다.

3 재료 볶기

팬에 기름을 두르고 채 썰어 준비한 피망, 양파, 죽순, 표고버섯을 넣고 살짝 볶아준 다음 간장을 넣는다. 기름에 데쳐놓은 돼지고기를 넣고 소금과 후추를 넣고 국자와 팬을 돌려서 섞어준다. 참기름을 둘러 마무리한다.

유용한 TIP
- 채소를 넣는 순서는 무관하지만, 피망과 양파를 먼저 넣고, 죽순과 표고버섯을 넣으면 효율적으로 조리할 수 있다.
- 채소를 너무 오래 볶아서 수분이 많이 빠지지 않도록 주의해야 한다. 채소의 식감을 충분히 살리는 것이 중요하다.

4 완성하기

접시 중앙에 소복하게 담아낸다.

1	**2**	**3**	**4**
재료 손질하기	돼지고기 기름에 데쳐서 익히기	재료 볶기	완성하기

채소볶음

炒素菜
chǎo sù cài

조리시간
25분

기름을 사용하여 강한 불에서 여러 가지 채소를 재빨리 볶아내는 요리로 채소는 먼저 끓는 물에 한번 살짝 데쳐서 요리한다.

요 / 구 / 사 / 항

가. 모든 채소는 길이 4㎝ 정도의 편으로 써시오.

나. 대파, 마늘, 생강을 제외한 모든 채소는 끓는 물에 살짝 데쳐서 사용하시오.

지 / 급 / 재 / 료 / 목 / 록

청경채	1개	진간장	5㎖
대파(흰 부분 6cm 정도)	1토막	청주	5㎖
당근(길이로 썰어서)	50g	참기름	5㎖
죽순(통조림, 고형분)	30g	마늘	1쪽
청피망(중, 75g 정도)	1/3개	흰 후춧가루	2g
건표고버섯	2개	생강	5g
(지름 5㎝정도, 물에 불린 것)		셀러리	30g
식용유	45㎖	양송이(큰 것)	2개
소금(정제염)	5g	녹말가루(감자전분)	20g

감독자 시선 POINT

- 팬에 붙거나 타지 않게 볶아야 한다.
- 재료에서 물이 흘러나오지 않아야 한다.
- 재료의 색을 살려야 한다.

합격을 위한 TIP

- 여러 가지 채소의 향을 잘 살려 요리하는 것이 중요하다.
- 육수의 양이 너무 많지 않아야 한다. 재료의 표면에 살짝 묻어 있는 정도면 충분하다.
- 음식의 간은 소금으로 하고, 진간장이 너무 많이 들어가면 색이 진해지고 진간장 향이 많이 나므로 주의해야 한다.

1 재료 손질하기

청경채, 셀러리, 당근, 피망, 죽순, 표고버섯은 길이 4㎝ 정도로 편을 썰어서 준비한다. 대파는 반으로 썬 후, 4㎝ 정도 편을 썰고, 양송이 버섯, 마늘, 생강도 편을 썰어 준비한다.

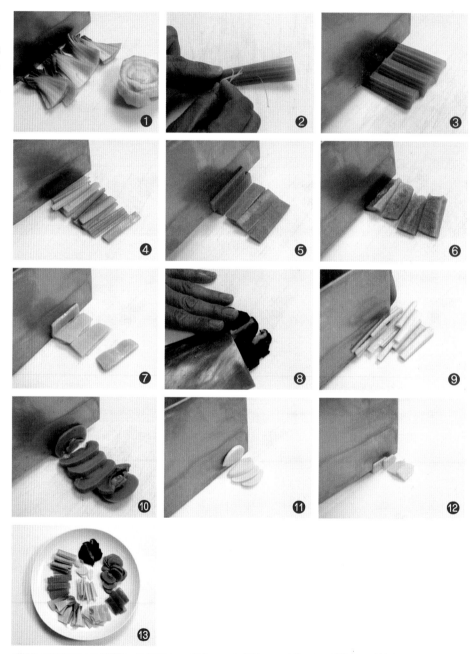

유용한 TIP ● 조리하기 전에 재료준비가 철저하여야 요리의 완성도를 높일 수 있다.

2 채소 데치기

향신료로 쓰이는 대파, 마늘, 생강을 제외하고 편 썰어 준비한 모든 채소를 끓는 물에 데친다.

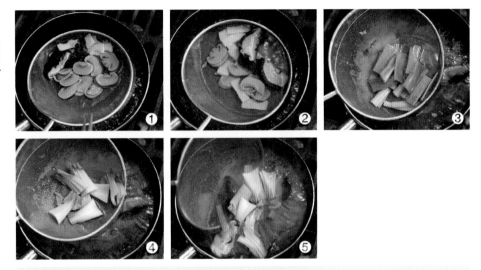

유용한 TIP ● 모든 채소는 끓는 물에 살짝 데쳐서 사용해야 한다(대파, 마늘, 생강은 제외). 요구 사항이므로 반드시 지켜야 한다.

 **만드는 방법**

3 재료 볶기

팬에 기름을 두르고 대파, 마늘,
생강을 볶다가 간장, 청주를 넣고
데쳐놓은 채소를 넣어 살짝 볶다
가 물, 소금을 넣어 간을 한다.

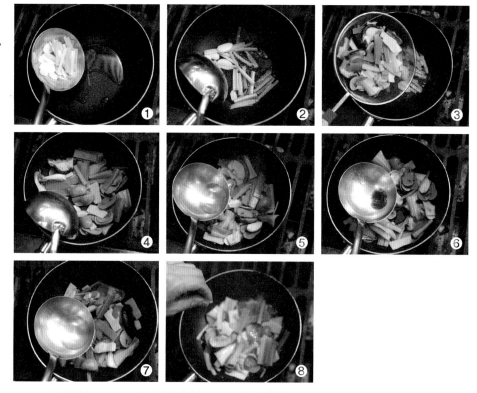

유용한 TIP
- 팬에 기름을 넣고 대파, 마늘, 생강을 볶는 순간이 중국요리에 있어서
향을 내는 중요한 조리 순서이다. 이 순간을 폭향(爆香 bǎoxiāng)이
라고 한다.
- 간장을 너무 많이 넣지 않도록 주의하고 소금으로 간을 맞추도록 한다.

4 농도 맞추기

불을 끄고 물녹말을 넣어 농도를
맞추고 다시 불을 켜서 물녹말을
익힌다. 참기름으로 마무리한다.

5 완성하기

접시에 수북이 담아서 채소볶음을
완성한다.

❶	❷	❸	❹	❺
재료 손질하기	채소 데치기	재료 볶기	농도 맞추기	완성하기

라조기

辣椒鷄
là jiāo jī

조리시간 30분

튀긴 닭고기를 여러 채소와 함께 볶은 요리로 매콤하고 고소한 맛이 특징이다.

요 / 구 / 사 / 항

가. 닭은 뼈를 발라낸 후 5×1㎝ 정도의 길이로 써시오.
나. 채소는 5×2㎝ 정도의 길이로 써시오.

지 / 급 / 재 / 료 / 목 / 록

닭다리 (한 마리 1.2kg 정도, 허벅지살 포함, 반마리 지급 가능)	1개	마늘(중, 깐 것)	1쪽
죽순(통조림, 고형분)	50g	달걀	1개
건표고버섯 (지름 5㎝ 정도, 물에 불린 것)	1개	진간장	30㎖
		소금	5g
홍고추(건)	1개	청주	15㎖
양송이(통조림, 큰 것)	1개	녹말가루(감자전분)	100g
청피망(75g)	1/3개	고추기름	10㎖
청경채	1포기	식용유	900㎖
생강	5g	검은 후춧가루	1g
대파(흰부분 6㎝ 정도)	2토막		

 **만드는 방법**

1 재료 손질하기

건고추는 마름모꼴로 잘라 준비
한다. 청피망, 청경채, 죽순, 양송
이, 표고버섯은 5 × 2㎝ 크기로
편으로 썬다. 대파는 굵게 채 썰
고, 마늘, 생강은 곱게 다진다.

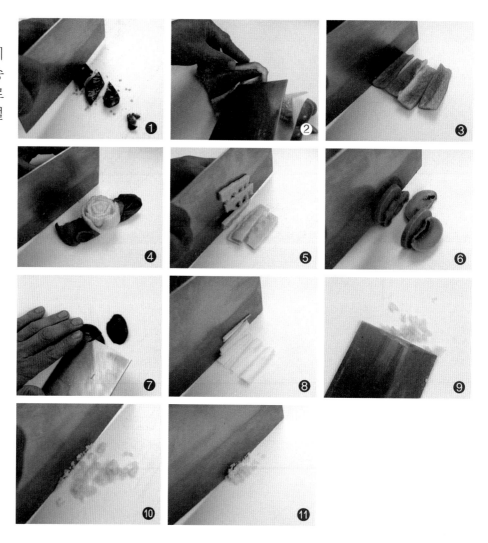

2 닭고기 손질하기

닭다리 뼈를 중심으로 칼집을 넣어 자른 후 칼등으로 뼈끝을 쳐서 살을 분리하고 마디에 붙어 있는 살은 칼 날을 사용하여 조심스럽게 떼어 내어 5×1㎝ 크기로 썰어 소금, 후추, 청주로 밑간한다.

3 튀김반죽 만들기

물, 녹말가루, 소금, 달걀을 섞어 튀김반죽을 만들고, 손질한 닭고기에 버무려준다. 손질한 모든 재료를 한 접시에 담아 가지런히 담아서 준비하여 재료준비를 다시 한번 확인한다.

4 채소 데치기

손질한 채소는 끓는 물에 넣어 살짝 데친다(대파, 마늘, 생강은 제외).

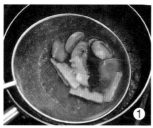 

5 튀기기

팬에 기름을 넉넉히 넣고 튀김
반죽한 닭고기를 하나씩 떼어서
160℃에서 튀긴다. 초벌 튀김 후
건져낸 뒤에 170℃에서 다시 한번
더 튀겨서 바삭하게 만든다.

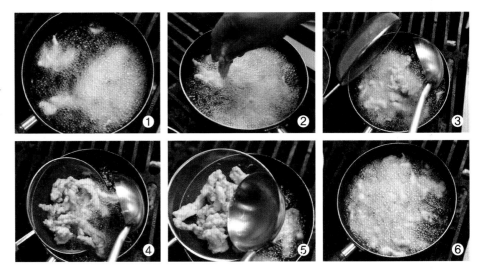

6 재료 볶기

팬을 코팅한 뒤 고추기름 10㎖를
넣고, 건고추를 넣고 타지 않을
정도로 살짝 볶아 준다. 굵게 채
썬 파와 마늘, 생강, 청주, 진간장
으로 향을 낸다. 데친 채소를 넣
어 살짝 볶는다.

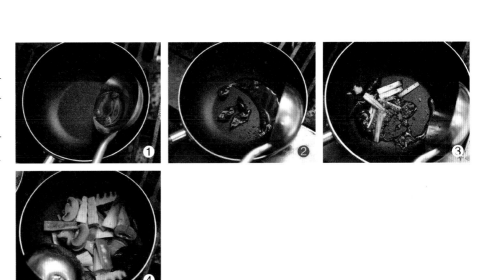

7 버무리기

살짝 볶은 채소에 물을 붓고, 물이 끓으면 튀긴 닭고기를 넣어 살짝 졸인 뒤 물녹말로 농도를 맞춘다. 참기름으로 향을 내어 마무리한다.

8 완성하기

그릇에 요리를 소복이 담아 완성한다.

 재료 손질하기　 닭고기 손질하기　 튀김반죽 만들기　 채소 데치기　 튀기기　 재료 볶기　 버무리기　8 완성하기

부추잡채

炒韭菜
chǎo jiǔ cài

조리시간 20분

중국부추라고도 불리는 호부추와 채 썬 돼지고기를 볶아 만든 요리로 한국식 잡채와 달리 당면이 들어가지 않는다. 꽃빵 등을 곁들여 먹기도 한다.

요 / 구 / 사 / 항

가. 부추는 6㎝ 길이로 써시오.

나. 고기는 0.3×6㎝ 길이로 써시오.

다. 고기는 간을 하여 초벌 하시오.

지 / 급 / 재 / 료 / 목 / 록

부추(중국부추, 호부추)	120g	**소금**(정제염)	5g
돼지등심(살코기)	50g	**참기름**	5㎖
달걀	1개	**식용유**	100㎖
청주	15㎖	**녹말가루**(감자전분)	30g

만드는 방법

1 재료 손질하기

부추는 6㎝ 길이로 썰고, 흰 부분과 녹색 부분으로 구분하여 담는다. 그 위에 소금을 뿌려 미리 간을 해놓는다. 돼지고기는 6 × 0.3㎝로 얇게 썰어 소금, 청주로 초벌간을 하고 달걀과 녹말을 버무려놓는다.

2 돼지고기 기름에 데치기

돼지고기의 양보다 조금 많은 양의 기름을 넣고 70℃정도의 온도에서 서서히 익혀준다.

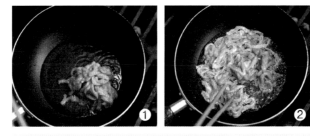

유용한 TIP ● 기름에 데치는 조리법을 유골(油滑, yóuhuá)이라고 한다. 물에 데치는 과정은 수골(水滑 shuǐhuá)이라고 한다. 중국요리에 많이 사용되는 재료의 전처리 조리법이다.

3 재료 볶기

달구어진 팬에 기름을 두르고 청주를 넣고 밑간한 부추의 흰색 부분을 볶다가 녹색 부분을 나중에 넣고 볶는다. 돼지고기를 넣고 골고루 섞어 볶은 다음 참기름을 넣어 완성한다.

4 완성하기

완성된 요리를 접시에 소복이 담아낸다.

유용한 TIP ● 부추는 일반적으로 겨울 부추가 연하고 맛있다. 부추잡채와 꽃빵을 곁들여 먹으면 부추의 풍미를 한 층 더 느낄 수 있다.

1	2	3	4
재료 손질하기	돼지고기 기름에 데치기	재료 볶기	완성하기

경장육사

京醬肉絲
jīng jiàng ròu sī

**조리시간
30분**

채 썬 돼지고기와 죽순에 춘장을 넣고 볶은 다음 채 썬 대파를 수북하게 깔고 그 위에 얹어 내는 요리로 베이징 전통 요리 중 하나이다.

요 / 구 / 사 / 항

가. 돼지고기는 길이 5㎝ 정도의 얇은 채로 썰고, 간을 하여 초벌 하시오.

나. 춘장은 기름에 볶아서 사용하시오.

다. 대파 채는 길이 5㎝ 정도로 어슷하게 채 썰어 매운맛을 빼고 접시에 담으
시오.

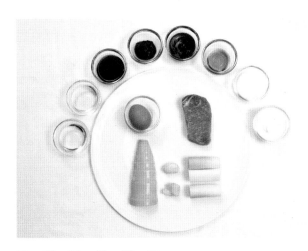

지 / 급 / 재 / 료 / 목 / 록

돼지등심(살코기)	150g	굴소스	30㎖
죽순(통조림, 고형분)	100g	청주	30㎖
대파(흰부분 6㎝ 정도)	3토막	진간장	30㎖
달걀	1개	녹말가루(감자전분)	50g
춘장	50g	참기름	5㎖
식용유	300㎖	마늘(중, 깐 것)	1쪽
백설탕	30g	생강	5g

감독자 시선 POINT

● 짜장 소스는 죽순채, 돼지고기채와 함께
잘 섞어져야 한다.

● 짜장 소스의 색깔과 녹말 농도에 유의해야
한다.

합격을 위한 TIP

● 중국에서는 두부피와 함께 싸서 먹는 게
일반적이다.

● 돼지고기채는 고기의 결을 따라 썰도록
한다.

 만드는 방법

1 재료 손질하기

죽순은 5㎝ 길이로 채 썰고, 마늘과 생강은 다진다. 대파는 채 썰어 물에 담가 놓는다. 돼지고기를 5㎝ 길이로 가늘게 채 썰고, 청주로 밑간을 한 후 달걀흰자와 물, 녹말을 넣어 버무려 놓는다. 손질된 모든 재료를 한 접시에 모아서 조리하기 편리하게 담아서 준비한다.

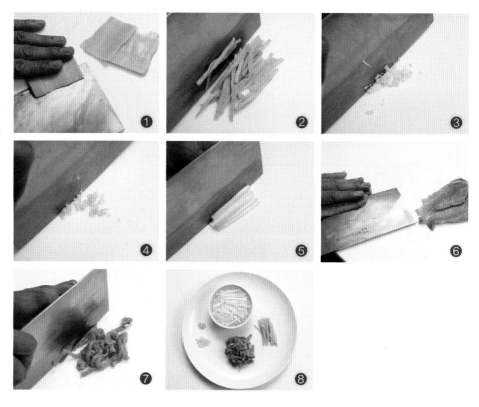

2 죽순 삶기

채 썬 죽순은 끓는 물에 삶아 준다.

유용한 TIP ● 데친다는 개념보다는 삶아서 캔의 잡내를 제거해야 한다.

3 돼지고기 기름에 데치기

채 썰어 양념해 놓은 돼지고기는
기름에 데쳐서 익혀 놓는다.

4 춘장 튀기기

춘장을 튀겨서 준비한다. 춘장은
볶는다는 개념보다는 춘장이 잠
길 정도의 기름양으로 튀기는 개
념이 정확하다.

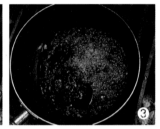

> **유용한 TIP**
> ● 춘장이 소량이므로 튀기는 시간은 30~40초 이내가 적당하며 조리하는
> 숙련도가 요구된다.
> ● 춘장은 작은 벌집 모양의 기름방울이 형성되면 불을 끈다. 춘장이 소량일
> 경우 쉽게 타기 때문에 온도와 시간에 주의해야 한다. 단 춘장의 양이 많을
> 때는 더 많은 시간이 소요된다.

 **만드는 방법**

5 경장육사 만들기

팬에 식용유와 마늘, 생강을 넣어 향을 낸다. 거기에 죽순채를 넣어 볶다가 물과 튀긴 춘장을 넣고 굴소스, 설탕으로 간을 맞추고 기름에 익힌 돼지고기를 넣어 살짝 졸인다. 불을 끄고 물녹말을 넣고 다시 불을 켜서 끓기 시작할 때, 팬과 국자를 사용하여 충분히 섞어 준 다음 재빨리 불을 끈다.

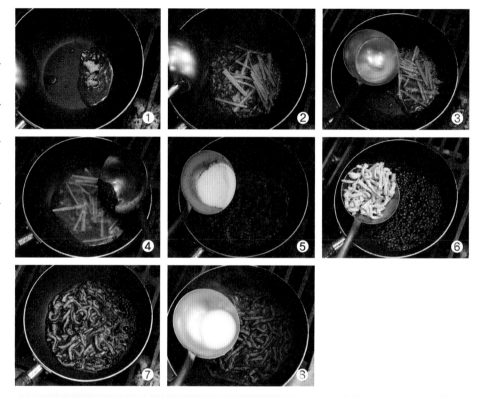

유용한 TIP ● 물녹말을 넣고 바로 젓지 않아야 하며, 물녹말이 충분히 익은 후에 팬과 국자를 사용하여 돌려야 한다.

6 완성하기

접시에 채 썰어 물에 담가놓은 대
파를 물기를 제거하여 가장자리
로 돌려 담은 후 팬에 있는 요리
를 담아서 경장육사를 완성한다.

유용한 TIP ● 중국 현지에서는 두부피에 싸서 먹는 것이 일반적이다.

1 재료 손질하기   2 죽순 삶기   3 돼지고기 기름에 데치기   4 춘장 튀기기   5 경장육사 만들기   6 완성하기

유니짜장면

肉泥炸醬麵
ròu ní zhà jiàng miàn

조리시간
30분

짜장면의 한 종류로 돼지고기, 채소 등의 재료를 잘게 다져 춘장에 볶아 면에 얹어 비벼 먹는 한국식 중화요리이다. 유니(肉泥)의 의미는 '곱게 간 고기'를 의미하며, 짜장면(炸醬麵)은 '장을 튀겼다'라는 의미이다.

16

요 / 구 / 사 / 항

가. 춘장은 기름에 볶아서 사용하시오.

나. 양파, 호박은 0.5×0.5㎝ 정도 크기의 네모꼴로 써시오.

다. 중화면은 끓는 물에 삶아 찬물에 헹군 후 데쳐 사용하시오.

라. 삶은 면에 짜장 소스를 부어 오이채를 올려내시오.

지 / 급 / 재 / 료 / 목 / 록

돼지등심(다진 살코기)	50g	**진간장**	50㎖
중화면(생면)	150g	**청주**	50㎖
양파(중, 150g)	1개	**소금**	10g
호박(애호박)	50g	**백설탕**	20g
오이(20㎝ 정도)	1/4개	**참기름**	10㎖
춘장	50g	**녹말가루**(감자전분)	50g
생강	10g	**식용유**	100㎖

감독자 시선 POINT

- 면이 붇지 않도록 한다.
- 짜장 소스의 농도에 유의한다.

합격을 위한 TIP

- 유니짜장면에서 '유니(肉泥)'의 의미는 '곱게 간 고기'를 의미하며, 우리가 일반적으로 알고 있는 '짜장면(炸醬麵)'은 '장을 튀겼다'라는 의미이다.

1 재료 손질하기

양파와 호박은 0.5×0.5㎝ 크기로 썬다. 오이는 채 썰고 생강은 곱게 다진다. 돼지고기는 한번 더 곱게 다진다. 손질된 모든 재료를 한 접시에 모아서 조리하기 편리하게 담아서 준비한다.

> 유용한 TIP
> - 조리하기 전에 재료준비가 철저하여야 요리의 완성도를 높일 수 있다.
> - 유니짜장면에서 유니(肉泥 ròuní)는 고기를 잘게 다졌다는 뜻이다.

2 중화면 삶기

중화면은 끓는 물에 삶아 찬물에 헹궈 다시 끓는 물에 데친 후 물기를 제거하여 그릇에 담아 놓는다.

> 유용한 TIP
> - 면을 삶을 때는 차가운 물을 두 번 정도 넣어 주면서 삶으면 탄력 있는 면을 만들 수 있다.

3 춘장 튀기기

춘장을 튀겨서 준비한다. 춘장은 볶는다는 개념보다는 춘장이 잠길 정도의 기름양으로 튀기는 개념이 정확하다.

 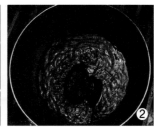 

유용한 TIP

● 짜장면은 튀길 작, 적갈 장, 국수 면으로, 중국어 표기는 炸醬麵으로 하고 읽을 때는 zhájiàngmiàn이라고 읽는다. 즉 장을 튀겼다는 의미이다. 따라서 춘장은 볶는다는 개념보다는 넉넉한 양의 기름에 튀긴다는 의미가 맞다.

● 춘장이 소량이므로 튀기는 시간은 30초~40초 이내가 적당하며 조리하는 숙련도가 요구된다.

● 춘장은 작은 벌집 모양의 기름방울이 형성되면 불을 끈다(춘장이 소량일 경우 쉽게 타기 때문에 온도와 시간에 주의해야 한다). 단 춘장의 양이 많을 때는 더 많은 시간이 소요된다.

 만드는 방법

4 짜장 소스 만들기

팬에 기름을 두르고 다진 돼지
고기를 볶다가 청주와 대파, 생
강, 진간장을 넣고 향을 낸다. 다
진 양파와 튀긴 춘장을 넣고 잘
볶아준다. 물을 타지 않을 정도로
30㎖ 정도 넣고 소금, 백설탕으로
간을 한 후 물녹말을 넣어 농도를
맞춘 후 참기름으로 마무리한다.

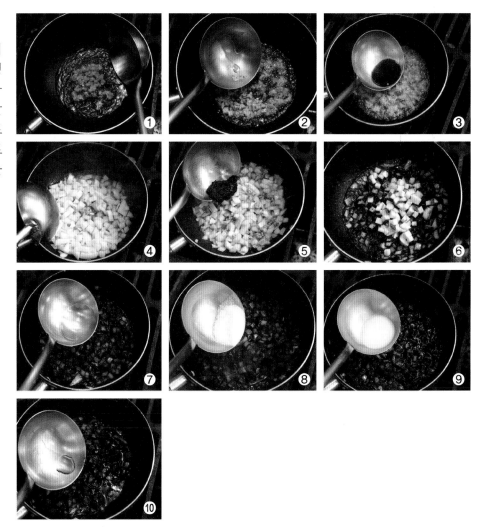

5 완성하기

삶은 면 위에 짜장 소스를 부어
오이채를 올려서 유니짜장면을
완성한다.

울면

溫滷麵
wēn lǔ miàn

해물과 채소를 넣고 끓인 국물에 물녹말을 풀어 걸쭉하게 만들고 면을 말아 먹는 요리로 울면을 뜻하는 울면(溫滷麵)의 滷(로)의 의미는 재료를 넣고 장시간 푹 끓이는 국물을 의미한다. 족발 삶은 육수를 떠올리면 좋을 듯하다.

17

요 / 구 / 사 / 항

가. 오징어, 대파, 양파, 당근, 배춧잎은 6cm 정도 길이로 채를 써시오.

나. 중화면은 끓는 물에 삶아 찬물에 헹군 후 데쳐 사용하시오.

다. 소스는 농도를 잘 맞춘 다음, 달걀을 풀 때 덩어리지지 않게 하시오.

지 / 급 / 재 / 료 / 목 / 록

중화면(생면)	150g	**양파**(중, 150g 정도)	1/4개
오징어(몸통)	50g	**달걀**	1개
작은 새우살	20g	**진간장**	5㎖
조선부추	10g	**청주**	30ml
대파(흰부분 6cm 정도)	1토막	**참기름**	5㎖
마늘(중, 깐 것)	3쪽	**소금**	5g
당근(길이 6cm 정도)	20g	**녹말가루**(감자전분)	20g
배춧잎(1/2잎)	20g	**흰 후춧가루**	3g
건목이버섯	1개		

감독자 시선 POINT

● 소스 농도에 유의한다.

● 건목이버섯은 불려서 사용한다.

합격을 위한 TIP

● 울면의 경우, 써는 방법은 요구사항에 따라 진행된다.

● 滷(로)의 의미는 재료를 넣고 장시간 푹 끓이는 국물을 의미한다. 족발 삶은 육수를 떠올리면 좋을 듯하다.

 **만드는 방법**

1 재료 손질하기

부추, 배춧잎, 당근, 양파, 대파는 6㎝ 크기로 채 썬다. 마늘은 다지고, 목이버섯은 4㎝ 정도의 크기로 뜯어둔다. 새우는 내장을 제거하고 오징어는 껍질을 제거하여 6㎝ 정도로 가늘게 채 썬다. 달걀을 풀어 달걀물을 만든다.

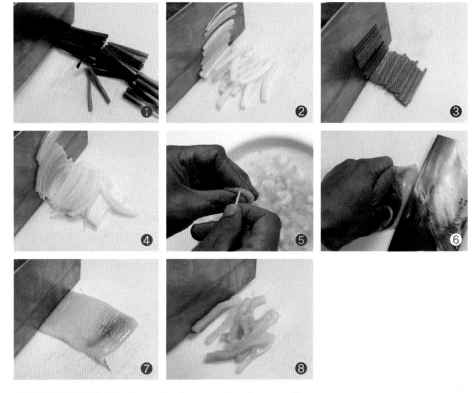

> **유용한 TIP** ● 조리하기 전에 재료준비가 철저하여야 요리의 완성도를 높일 수 있다.

2 중화면 삶기

중화면은 끓는 물에 삶아서 찬물
에 헹구고 다시 한번 끓는 물에
데쳐서 물기를 제거하여 그릇에
담는다.

유용한 TIP ● 면을 삶을 때는 차가운 물을 두 번 정도 넣어 주면서 삶으면 탄력 있는
면을 만들 수 있다.

 **만드는 방법**

3 울면 소스 만들기

팬에 물을 붓고 청주, 간장을 넣고 돼지고기, 오징어, 새우, 채 썬 채소를 넣고 끓인다. 중간에 거품을 제거하고 소금으로 간하고 물녹말로 농도를 맞춘 후, 준비해 놓은 달걀을 풀어주고, 마지막에 부추, 참기름을 넣은 후 마무리한다.

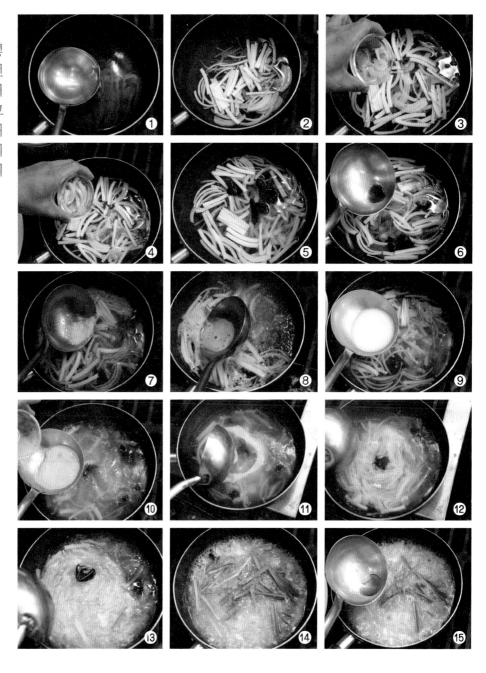

유용한 TIP
- 녹말과 달걀이 함께 사용되는 요리에서는 녹말로 농도를 형성한 후에 달걀을 넣는 것이 일반적이다. 녹말을 넣을 때 달걀이 첨가되는 것을 고려하여 농도를 조금 묽게 하는 것이 요령이다. 달걀이 들어가면서 농도가 조금 되직해지는 경향이 있다.
- 달걀을 넣고 바로 젓지 말고 어느 정도 익어 갈 때 저어야 탁해지지 않고 예쁜 꽃 모양을 표현 할 수 있다.

4 완성하기

면을 담은 그릇에 소스를 수북이 담아 울면을 완성한다.

| ① 재료 손질하기 | ② 중화면 삶기 | ③ 울면 소스 만들기 | ④ 완성하기 |

새우볶음밥

蝦仁炒飯
xiā rén chǎo fàn

조리시간
30분

새우와 채소, 달걀, 밥을 넣고 볶아내는 요리로 볶음밥에 사용되는 밥은 약간 고슬고슬한 정도의 밥이 적당하다. 밥이 너무 될 경우에는 물을 조금 넣어 볶는 것도 좋은 방법이다.

요 / 구 / 사 / 항

가. 새우는 내장을 제거하고 데쳐서 사용하시오.

나. 채소는 0.5㎝ 정도 크기의 주사위 모양으로 써시오.

다. 완성된 볶음밥은 질지 않게 하여 전량 제출하시오.

지 / 급 / 재 / 료 / 목 / 록

쌀(30분 정도 불린 쌀)	150g	**청피망**(중, 75g 정도)	1/3개
작은 새우살	30g	**식용유**	50㎖
달걀	1개	**소금**	5g
대파(흰부분 6㎝ 정도)	1토막	**흰 후춧가루**	5g
당근	20g		

감독자 시선 POINT

- 밥은 질지 않게 짓도록 한다.
- 밥과 재료는 볶아 보기 좋게 담아 낸다.

합격을 위한 TIP

- 볶음밥을 할 때 달걀이 완전히 익지 않은 상태에서 밥을 넣어, 밥에 달걀옷을 골고루 입혀서 볶는 것이 중요한 포인트이다.
- 볶음밥에 사용되는 밥은 약간 고슬고슬한 정도의 밥이 적당하다. 밥이 너무 될 경우, 물을 조금 넣어 볶는 것도 좋은 방법이다.

만드는 방법

1 밥 짓기

불린 쌀 150g을 깨끗이 씻어 물의 양을 조절하여 밥을 짓는다.

유용한 TIP ▷ ● 질지 않아야 하고, 타지 않아야 한다.

2 재료 손질하기

채소는 깨끗이 씻어 물기를 제거한다. 대파, 당근, 청피망은 0.5㎝ 크기의 주사위 모양(丁)으로 썰어 준비한다. 달걀을 풀어 달걀물을 만든다. 새우는 내장을 제거한 뒤, 데쳐서 준비한다. 손질된 모든 재료는 접시에 가지런히 담아 조리하기 편리하게 준비한다.

3 재료 볶기

팬에 식용유를 넣고 달걀물과 손질한 채소를 넣어 소금으로 간을 하고 골고루 섞어가며 볶아준다. 달걀과 채소가 어느 정도 볶아졌을 때 밥을 넣고 볶는다. 국자의 넓은 뒷면을 사용해서 살짝 살짝 눌러 주면서 밥과 달걀과 채소가 잘 섞이도록 팬과 국자를 사용하여 잘 섞어 준다. 내장을 제거하여 데친 새우를 넣어 골고루 볶아 흰 후춧가루를 넣는다.

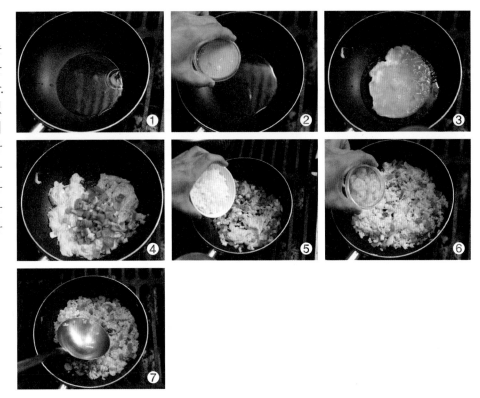

4 완성하기

완성된 요리를 접시에 수북이 담아낸다.

1 밥 짓기   2 재료 손질하기   3 재료 볶기   4 완성하기

빠스옥수수

拔絲玉米
bá sī yù mǐ

조리시간
25분

잘 으깬 옥수수알을 달걀 노른자와 전분가루를 섞어 만든 반죽과 함께 버무려 튀긴 뒤 설탕시럽을 뿌려서 만든 중국식 디저트이다. 빠스 반죽은 쫄깃하면서 바삭한 맛이 있어야 씹히는 질감이 뛰어나고 시럽에 묻혔을 때 질척이지 않는다.

요 / 구 / 사 / 항

가. 완자의 크기를 직경 3㎝ 정도 공 모양으로 하시오.

나. 땅콩은 다져 옥수수와 함께 버무려 사용하시오.

다. 설탕 시럽은 타지 않게 만드시오.

라. 빠스옥수수는 6개 만드시오.

지 / 급 / 재 / 료 / 목 / 록

옥수수(통조림, 고형분)	120g	**달걀**	1개
땅콩	7알	**백설탕**	50g
밀가루(중력분)	80g	**식용유**	500㎖

감독자 시선 POINT

● 팬의 설탕이 타지 않아야 한다.

● 완자 모양이 흐트러지지 않아야 하며 타지 않아야 한다.

합격을 위한 TIP

● '빠스(拔絲)'의 의미는 '실을 뽑다'라는 뜻이다.

● 백설탕을 잘 녹여서 재료에 묻혔을 때 실의 형태가 잘 나와야 한다.

● 팬에 기름이 너무 많지 않아야 한다.

● 물을 너무 많이 넣지 않는 것에 유의한다.

● 먹을 때는 찬물에 한 번 담가서 백설탕을 굳힌 다음 먹어야 이빨에 달라붙지 않는다.

만드는 방법

1 재료 손질하기

옥수수는 칼로 곱게 다져 물기를 제거하여 준비한다. 땅콩은 칼 면으로 쳐서 칼날로 곱게 다진다. 달걀은 달걀노른자만 분리해 놓는다.

유용한 TIP ▷ • 물기를 제거하지 않으면 반죽할 때 옥수수의 질감을 충분히 느낄 수 없다.

2 반죽하기

땅콩과 옥수수에 달걀노른자를 넣고 밀가루를 넣어 잘 반죽한다.

3 튀기기

튀김기름 온도가 120℃ 정도 되었을 때 왼손으로 완자를 지어 숟가락을 사용하여 넣는다. 자연스럽게 떠오를 때까지 기다린다.

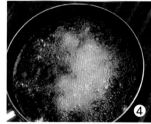 

유용한 TIP ▷ • 너무 센 불에 튀기지 않도록 주의하고 튀김 시간을 잘 맞추어야 옥수수 볼이 노릇하게 잘 튀겨진다.
• 튀김을 할 때 처음 넣은 것과 나중에 넣은 것이 달라붙는 경우가 있다. 이 때에는 무리하게 떼려고 하지 말고 익을 때까지 기다리면 자연스럽게 떨어진다. 무리하게 젓게 되면 더 달라붙게 된다.

4 설탕 시럽 만들기

코팅된 팬에 식용유, 백설탕을 넣고 가장자리가 타지 않게 저어가면서 맑고 투명해질 때까지 녹인다.

유용한 TIP
● 팬을 코팅할 때 팬에 기름이 너무 많지 않도록 주의하고 가급적 키친 타올이나 행주로 살짝 닦아 주는 것이 좋다.
● 시럽을 만들 때 기름양이 너무 많으면 설탕이 다 녹은 후에 재료에 묻지 않는 경향이 있다. 기름을 넣는 목적은 팬을 코팅해서 설탕이 팬에 달라붙는 것을 방지하기 위한 것임을 잊지 말아야 한다.

5 버무리기

설탕 시럽에 튀긴 옥수수완자를 넣고 잘 섞어 준다. 물 5㎖ 정도를 끼얹는다.

6 완성하기

접시에 기름을 골고루 펴 바른 뒤에 한 알씩 떼어 담는다. 이때 백설탕이 늘어져 실의 형태가 뽑아져야 한다.

유용한 TIP
● 손님에게 제공될 때는 작은 볼에 차가운 물이 함께 제공되어 먹기 전에 젓가락으로 옥수수를 찬물에 담근 후에 먹는다. 뜨거운 설탕이 굳지 않은 상태에서 입속으로 들어가면 입속에 화상을 입거나 이빨에 달라붙을 수 있다.

1	2	3	4	5	6
재료 손질하기	반죽하기	튀기기	설탕 시럽 만들기	버무리기	완성하기

빠스고구마

拔絲地瓜
bá sī dì guā

조리시간
25분

우리나라의 고구마 맛탕과 같으며 한입 크기로 썬 고구마를 튀겨 설탕 시럽에 버무린 중국식 디저트이다. '빠스(拔絲)'는 '실을 뽑는다'는 뜻으로 음식을 먹을 때 설탕 시럽이 실처럼 묻어나 붙여진 이름이다.

요 / 구 / 사 / 항

가. 고구마는 껍질을 벗기고 먼저 길게 4등분을 내고, 다시 4㎝ 정도 길이의 다각형으로 돌려썰기 하시오.

나. 튀김이 바삭하게 되도록 하시오.

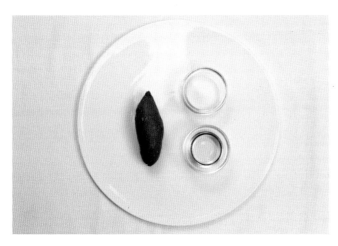

지 / 급 / 재 / 료 / 목 / 록

고구마(300g 정도)	1개	식용유	1000㎖
백설탕	100g		

감독자 시선 POINT

● 시럽이 타거나 튀긴 고구마가 타지 않도록 한다.

합격을 위한 TIP

● '빠스(拔絲)'의 의미는 '실을 뽑다'라는 뜻이다.

● 백설탕을 잘 녹여서 재료에 묻혔을 때 실의 형태가 잘 나와야 한다.

● 팬에 기름이 너무 많지 않아야 한다.

● 물을 너무 많이 넣지 않는 것에 유의한다.

● 먹을 때는 찬물에 한 번 담가서 백설탕을 굳힌 다음 먹어야 이빨에 달라붙지 않는다.

1 고구마 손질하기

고구마는 껍질을 벗기고 3~4㎝ 정도 크기의 삼각으로 썰어 찬물에 담가둔다.

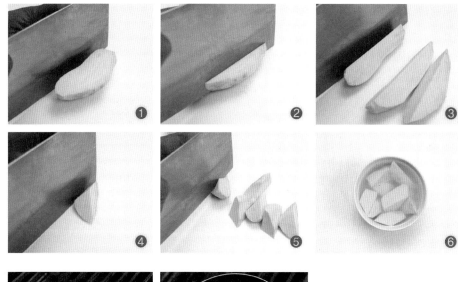

2 고구마 튀기기

팬에 기름을 두르고 약한 불에서 물기를 제거한 고구마를 튀긴다. 이때 온도를 서서히 올리고, 높은 온도에서는 넣지 않아야 한다. 젓지 않고 기름 위로 떠오를 때까지 기다린다.

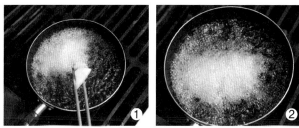

> **유용한 TIP** ● 고구마는 딱딱하지만 생각보다 잘 익는다. 너무 오래 튀겨서 고구마가 물렁물렁해지지 않도록 주의해야 한다.

3 설탕 시럽 만들기

코팅된 팬에 식용유, 백설탕을 넣고 가장자리가 타지 않게 저어가면서 맑고 투명해질 때까지 녹인다.

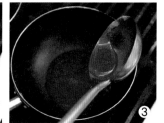

> **유용한 TIP** ● 설탕을 녹이는 작업은 고구마가 튀겨지는 시간과 맞추어서 해야 하며, 고구마를 미리 튀겨 놓을 경우, 녹인 고구마가 식어서 설탕 온도가 갑자기 내려가서 굳어 버리는 것에 주의해야 한다.
> ● 설탕을 녹일 때 국자 뒤에 묻은 설탕이 뒤늦게 떨어져서 흰 설탕 덩어리가 남아 있지 않도록 주의한다.

4 버무리기

튀겨진 고구마를 넣고 골고루 버무린 뒤 찬물 5㎖를 넣어 마무리한다.

5 완성하기

접시에 기름을 바르고 그 위에 고구마를 하나씩 덜어 담는다. 이때 고구마에서 실의 형태가 나와야한다.

유용한 TIP

● 젓가락으로 고구마를 들었을 때 녹인 설탕에서 가늘고 긴 형태의 실의 형태가 나오는 것을 표현한 것이 발사(拔絲 básī), 즉 중국어 발음으로 바쓰가 되는 것이다.

● 손님에게 제공될 때는 작은 볼에 차가운 물이 함께 제공되어 먹기 전에 젓가락으로 고구마를 찬물에 담근 후에 먹는다. 뜨거운 설탕이 굳지 않은 상태에서 입속으로 들어가면 입속에 화상을 입거나 이빨에 달라붙을 수 있다.

2020년 새 출제기준 · NCS 교육 과정 완벽 반영

양식조리기능사
필기시험 끝장내기

장명하 · 한은주 지음 I 조리교육과정연구회 감수

 합격보장

☑ 기출문제를 철저히 분석 · 반영한 핵심이론 수록
☑ 정확한 해설과 함께하는 기출문제 수록
☑ CBT 상시시험 대비 복원문제 및 모의고사 수록

이 책은 NCS를 활용한 현장직무 중심으로 개편된 새로운 출제기준을 완벽 반영하여 핵심이론과 예상적중문제, 실전모의고사를 수록, 수험자가 새로워진 양식조리기능사 필기시험에 철저하게 대비할 수 있도록 구성하였다. ㈜성안당의 『양식조리기능사 필기시험 끝장내기』로 기초부터 마무리까지 완벽한 학습을 통해 합격의 꿈을 이루자.

2020년 새 출제기준 · NCS 교육 과정 완벽 반영

양식조리기능사
실기시험 끝장내기

장명하 지음 I 조리교육과정연구회 감수

 합격보장

☑ 新 출제기준 완벽 반영 지급재료, 요구사항, 유의사항 모두 100% 반영
☑ 합격에 필요한 키포인트 누구도 알려주지 않는 한끗 Tip 수록
☑ 자세하고 정확한 레시피 모든 메뉴에 대한 상세하고 자세한 과정 설명

양식조리기능사 실기시험은 두 과제를 제한된 시험시간 내에 만들어 내는 시험이다. 직접 조리를 해야 하는 시험이기 때문에 단순히 암기만으로는 합격할 수 없다. 이 책은 2020년 개정된 30가지 실기과제에 대한 지급재료와 요구사항, 수험자 유의사항을 100% 반영, 상세한 과정 설명을 통해 구독자의 이해를 돕고, 과제별 합격 Tip을 수록하여 합격에 한 발 더 가까워질 수 있도록 학습률을 높였다.

2020년 새 출제기준·NCS 교육 과정 완벽 반영

한식조리기능사 필기시험 끝장내기

한은주 지음 I 조리교육과정연구회 감수

합격보장

☑ 기출문제를 철저히 분석·반영한 핵심이론 수록
☑ 정확한 해설과 함께하는 예상적중문제 수록
☑ CBT 상시시험 대비 복원문제 및 실전모의고사 수록

2020년부터 새로 바뀐 한식조리기능사 필기시험은 기존 출제기준에 NCS 교육과정까지 반영되어 위생과 안전에 관한 내용과 조리상식이 추가되었다. 이에 이 책은 새로운 출제기준을 완벽 반영한 핵심이론과 예상적중문제, 실전모의고사를 수록하여 수험자가 문제 풀이를 통해 한식조리기능사 필기시험에 완벽하게 대비할 수 있도록 구성하였다. ㈜성안당의 『한식조리기능사 필기시험 끝장내기』로 기초부터 마무리까지 완벽한 학습을 통해 합격의 꿈을 이루자.

2020년 새 출제기준·NCS 교육 과정 완벽 반영

한식조리기능사 실기시험 끝장내기

한은주 지음 I 조리교육과정연구회 감수

합격보장

☑ 新 출제기준 완벽 반영 지급재료, 요구사항, 유의사항 모두 100% 반영
☑ 감독자의 시선에서 본 체크 POINT + 누구도 알려주지 않는 한끗 Tip 수록
☑ 31가지 모든 메뉴에 대한 상세하고 자세한 과정 설명

한식은 흔하고 친근해서 쉽게 생각하지만 알고 보면 재료 손질부터 마지막 고명 얹기까지 과정마다 정성이 듬뿍 들어가는 쉽지 않은 요리이다. 한식조리기능사 실기시험 합격률이 30%에 머무르고 있는 이유가 바로 여기에 있다. 이에 이 책은 2020년 출제기준에 맞춰 31가지 모든 실기시험 과제의 조리과정을 자세하게 설명하였고, 상세한 과정 사진을 제공하여 한식조리기능사 실기시험을 완벽하게 대비할 수 있도록 구성하였다.

2020년 새 출제기준 · NCS 교육 과정 완벽 반영

2020년 새 출제기준 · NCS 교육 과정 완벽 반영

일식복어조리기능사
필기시험 끝장내기

박종희 · 한은주 지음 I 조리교육과정연구회 감수

**합격
보장**

- ☑ 기출문제를 철저히 분석 · 반영한 핵심이론 수록
- ☑ 단원별 예상적중문제와 정확한 해설과 설명
- ☑ CBT 상시시험 대비 복원문제 및 모의고사 수록

2020년 NCS를 활용한 현장직무 중심으로 개편된 새로운 출제기준을
완벽하게 반영하였고 단기간 합격을 위한 핵심이론만을 수록하였다.
실전 감각을 키울 수 있도록 예상적중문제와 실전모의고사를 다수 수
록하여 수험자의 학습률을 높였다. ㈜성안당의 『일식복어조리기능사
필기시험 끝장내기』가 수험자의 합격을 도울 것이다.

2020년 새 출제기준 · NCS 교육 과정 완벽 반영

일식복어조리기능사
실기시험 끝장내기

박종희 지음 I 조리교육과정연구회 감수

**합격
보장**

- ☑ 新 출제기준 완벽 반영 지급재료, 요구사항, 유의사항 모두 100% 반영
- ☑ 합격에 필요한 키포인트 누구도 알려주지 않는 한끗 Tip 수록
- ☑ 모든 실기 공개과제에 대한 상세하고 자세한 과정 설명

2020년부터 변경된 출제기준에 따른 일식조리기능사 실기시험 총 19가
지 과제에 대한 지급재료와 요구사항, 수험자 유의사항을 100% 반영,
상세한 과정 설명을 통해 수험자의 이해를 돕고, 과제별 합격 Tip을 수
록하여 합격에 한 발 더 가까워질 수 있도록 구성하였다. 또한, 1가지
시험항목에서 반드시 출제되는 복어조리기능사 실기시험에 대해서도
철저하고 완벽하게 분석하여 조리법이 어려운 복어조리의 기초손질 방
법부터 조리법까지 상세하고 자세하게 실어 수험자의 이해를 돕도록
구성하였다.

새 출제기준 · NCS 교육 과정 완벽 반영

중식 조리기능사 실기시험

합격하기

김호석 · 정승준 지음
조리교육과정연구회 감수

★ ★
한 손에 들어오는 **합격 레시피 포켓북**

BM (주)도서출판 성안당

새 출제기준·NCS 교육 과정 완벽 반영

중식 조리기능사 실기시험

합격하기

김호석·정승준 지음
조리교육과정연구회 감수

한 손에 들어오는 ★★ 합격 레시피 포켓북

BM (주)도서출판 성안당

중식 조리기능사 실기시험
합격하기

냉채
요리

오징어냉채

☺ 재 / 료 / 목 / 록

갑오징어살(오징어 대체 가능) 100g ▌ 오이(가늘고 곧은 것, 20cm 정도) 1/3개 ▌ 식초 30㎖
▌ 백설탕 15g ▌ 소금(정제염) 2g ▌ 참기름 5㎖ ▌ 겨자 20g

🍶 작 / 업 / 과 / 정

1 겨자 숙성하기 겨자에 끓는 물을 넣고 랩으로 싸서 따뜻한 곳에서 10분
정도 숙성한다.

2 오징어 손질하여 데치기 오징어 몸살은 껍질을 제거하여 종·횡으로 칼집
을 내어 3~4㎝ 폭으로 편을 썰고, 끓는 물에 살짝 데쳐 찬물에 헹궈 물기를
제거한다.

3 오이 썰기 오이는 얇게 3㎝ 정도 폭으로 편을 썰어 놓는다.

4 겨자 소스 만들기 숙성한 겨자에 식초, 설탕의 비율을 1 : 1 : 1 로 혼합
하여 소스를 만든다.

5 소스 끼얹어 완성하기 오징어편과 오이편을 섞어 섭시에 담고 겨자 소
스를 골고루 끼얹어 완성한다.

감독자 시선
POINT

☑ 오징어 몸살은 반드시 데쳐서 사용해야 한다.
☑ 간을 맞출 때는 소금으로 적당히 맞추어야
한다.

해파리냉채

👨‍🍳 재 / 료 / 목 / 록

해파리 150g ┃ 오이(가늘고 곧은 것, 20cm정도)1/2개 ┃ 식초 45㎖ ┃ 마늘 3쪽(깐 것) ┃
백설탕 15g ┃ 소금(정제염) 7g ┃ 참기름 5㎖

🧂 작 / 업 / 과 / 정

1 재료 손질하기 오이는 0.2 × 6cm의 길이로 어슷하게 채 썬다. 마늘은 씻
어서 꼭지를 제거한 후 칼 옆면을 사용하여 부순 후에 칼날을 사용하여 곱
게 다진다.

2 마늘 소스 만들기 물 15㎖, 소금 2g, 백설탕 5g, 식초 5㎖를 넣고 질 섞은
다음, 다진 마늘을 넣어 소스를 완성한다.

3 해파리 데치기 염장되어 있는 해파리의 염분을 물로 헹귀서 제거한 뒤,
끓는 물에 데쳐서 건져낸다.

4 해파리 불리기 흐르는 물에 손으로 비벼 해파리의 염분기를 제거하고 수
돗물을 계속 흘려 해파리를 불린다. 불린 해파리를 건져서 물을 꼭 짜고 식
초를 조금 넣고 살짝 버무려준다.

5 완성하기 불린 해파리와 채 썬 오이를 섞어 접시에 입체감 있게 담고 소
스를 얹어서 완성한다.

감독자 시선
POINT
- ☑ 해파리는 끓는 물에 살짝 데친 후 사용한다.
- ☑ 냉채에 소스가 침투되게 하고, 냉채는 함께
  섞어 버무려 담는다.

조리시간
20분

튀김 요리

탕수육

강독자 시선 POINT

- ☑ 녹말가루 농도에 유의한다.
- ☑ 맛은 시고 단맛이 동일해야 한다.

👨‍🍳 재 / 료 / 목 / 록

돼지등심(살코기) 200g · 건목이버섯 1개 · 양파(중, 150g 정도) 1/4개 · 당근(길이로 썰어서) 30g · 오이(가늘고 곧은 것, 20cm 정도, 원형으로 지급) 1/4개 · 완두(통조림) 15g · 달걀 1개 · 녹말가루(감자전분) 100g · 대파(흰부분, 6cm 정도) 1토막 · 청주 15㎖ · 진간장 15㎖ · 식용유 800㎖ · 백설탕 100g · 식초 50㎖

🍴 작 / 업 / 과 / 정

1 **재료 준비하기** 오이, 양파, 당근은 편으로 썰고, 목이버섯은 불려 손으로 찢어놓는다. 대파는 굵게 채 썰어 준비하고, 생강은 다져 놓는다. 돼지고기는 길이 4cm, 두께 1cm 정도의 긴 사각형으로 썰어 생강즙, 진간장, 청주로 밑간을 한다.

2 **앙금녹말로 튀김옷 만들기** 감자전분에 동량의 물을 넣어 앙금녹말을 만들고, 달걀물을 섞어 튀김옷을 만든다.

3 **튀기기** 직사각형으로 자른 돼지고기에 튀김옷을 입혀, 160℃의 기름에 한 번 튀겨낸 뒤 건져내어 고기를 살짝 두드려 속에 있는 수분을 제거하고, 170℃의 기름에 다시 한번 튀긴다.

4 소스 만들기 팬에 기름을 두르고 대파와 다진 생강을 넣고 살짝 볶아 준다. 손질한 채소를 넣고 살짝 볶은 후, 식초를 넣고 물 200㎖와 설탕, 간장을 넣어 끓인 후 완두콩을 넣고 물녹말을 넣어 농도를 맞춘다.

5 버무리기 튀긴 돼지고기를 소스와 재빠르게 버무려낸 뒤, 접시에 보기 좋게 담아낸다.

6 완성하기 접시에 수북이 담아서 완성한다.

☑ 녹말가루 농도에 유의한다.
☑ 맛은 시고 단맛이 동일해야 한다.

깐풍기

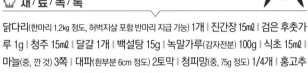

조리시간 **30분**

🍳 재/료/목/록

닭다리(한마리 1.2㎏ 정도, 허벅지살 포함 반마리 지급 가능) 1개 ▮ 진간장 15㎖ ▮ 검은 후춧가루 1g ▮ 청주 15㎖ ▮ 달걀 1개 ▮ 백설탕 15g ▮ 녹말가루(감자전분) 100g ▮ 식초 15㎖ ▮ 마늘(중, 깐 것) 3쪽 ▮ 대파(흰부분 6㎝ 정도) 2토막 ▮ 청피망(중, 75g 정도) 1/4개 ▮ 홍고추(생) 1/2개 ▮ 생강 5g ▮ 참기름 5㎖ ▮ 식용유 800㎖ ▮ 소금(정제염) 10g

🧂 작/업/과/정

1 재료 손질하기 홍고추와 청피망은 0.5 × 0.5㎝ 크기로 잘게 썰어 준비한다. 대파는 잘게 썰고, 마늘과 생강은 다져 준비한다.

2 닭고기 손질하기 뼈를 발라내어 사방 3㎝ 정도 크기로 썰어 소금, 청주, 후추로 밑간을 한다.

3 튀김옷 만들기 물, 전분과 달걀로 튀김옷을 만들고 밑간을 한 닭고기 위에 부어서 튀김옷을 입혀서 준비한다.

4 소스 만들기(1) 물 45㎖, 진간장 15㎖, 식초 15㎖, 백설탕 15g, 소금 10g, 후춧가루를 넣고 소스를 미리 만들어 준비한다.

5 튀기기 튀김옷을 입힌 닭고기를 160℃의 기름에 초벌 튀김을 한 후 건져서 살짝 두들겨서 수분을 제거한 후 한 번 더 튀긴다.

6 소스 만들기(2) 코팅한 팬에 식용유를 두르고 대파, 생강, 마늘을 넣고 향을 낸 뒤에 홍고추와 청피망을 넣고 볶아 미리 준비한 소스를 넣어 살짝 끓인다.

7 버무리기 튀겨낸 닭고기를 넣고 재빨리 버무리고 참기름으로 마무리한다.

8 완성하기 그릇에 담아내어 완성한다.

감독자 시선 POINT

☑ 프라이팬에 소스와 혼합할 때 타지 않도록 해야 한다.

☑ 잘게 썬 채소의 비율이 동일해야 한다.

튀김 요리

탕수생선살

🍳 재/료/목/록

흰살생선 (껍질 벗긴 것, 동태 또는 대구) 150g ❙ 당근 30g ❙ 오이 (가늘고 곧은 것, 20cm 정도) 1/6개 ❙ 완두콩 20g ❙ 파인애플 (통조림) 1쪽 ❙ 건목이버섯 1개 ❙ 녹말가루 (감자전분) 100g ❙ 식용유 600㎖ ❙ 식초 60㎖ ❙ 백설탕 100g ❙ 진간장 30㎖ ❙ 달걀 1개

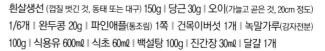

🍴 작/업/과/정

1 재료 준비하기 오이, 당근은 편 썰고, 목이버섯은 물에 불려 먹기 좋은 크기로 뜯어놓는다. 원형 파인애플은 8등분 한다. 흰살생선은 1×4cm 정도 의 길이로 썰어 준비한다. 생선살은 물기를 제거한 후 녹말가루와 달걀로 튀김옷을 만들어 골고루 묻힌다.

2 튀기기 생선살을 160℃의 기름에 두 번 바삭하게 튀겨낸다.

3 소스 만들기 팬에 기름을 두르고 준비한 채소 를 넣어 살짝 볶은 후 식 초, 물, 설탕, 간장을 넣는다. 소스가 끓으면 불을 끄고 물녹말을 넣어 잘 섞은 다음, 다시 불을 켜고 녹말을 익혀 농도를 맞춘다.

4 버무리기 농도가 맞추어지면 튀겨낸 생선 살을 넣고 살짝 버무린다.

5 완성하기 생선살이 으깨지지 않도록 맛있게 담아내어 완성한다.

감독자 시선 POINT

☑ 튀긴 생선은 바삭함이 유지되도록 한다.
☑ 소스 녹말가루 농도에 유의한다.

조림 요리

난자완스

🎩 재/료/목/록

돼지등심(다진 살코기) 200g ▎마늘(중, 깐 것) 2쪽 ▎대파(흰부분 6cm 정도) 1토막 ▎소금 (정제염) 3g ▎달걀 1개 ▎녹말가루(감자전분) 50g ▎죽순 (통조림, 고형분) 50g ▎건표고 버섯(지름 5cm 정도, 물에 불린 것) 2개 ▎생강 5g ▎검은 후춧가루 1g ▎청경채 1포기 ▎ 진간장 15㎖ ▎청주 20㎖ ▎참기름 5㎖ ▎식용유 800㎖

👐 작/업/과/정

1 재료 손질하기 청경채, 표고버섯, 죽순은 4cm, 대파는 3cm 길이로 편 썰어 준비한다. 마늘과 생강은 곱게 다진다. 손질된 채소를 끓는 물에 데쳐 놓는다.(대파, 마늘, 생강 제외)

2 돼지고기 손질하기 곱게 다져서 소금, 후추, 녹말가루, 달걀을 넣고 반죽한다.

3 돼지고기 모양 만들어 굽기 반죽한 돼지고기는 완자 모양을 만들어 기름을 두른 팬에 넣고 지름 4cm 정도의 크기가 되도록 살짝 눌러준다. 밑면이 어느 정도 익으면 뒤집어서 반대쪽도 익혀준다.

4 채소 볶기 팬에 기름을 두르고 대파, 마늘, 생강을 볶다가 청주, 간장을 넣어 충분히 향을 낸다. 데쳐 놓은 채소를 넣고, 물을 약간 넣는다.

5 졸여가며 버무리기 구운 완자를 볶은 채소가 담겨있는 팬에 넣고 살짝 졸여 준다. 물전분으로 농도를 맞추고 참기름으로 마무리한다.

6 완성하기 접시에 소복이 담아 완성한다.

감독자 시선 POINT

☑ 완자는 갈색이 나도록 한다.
☑ 소스의 녹말가루 농도에 유의한다.

조림요리

홍쇼두부

🍳 재/료/목/록

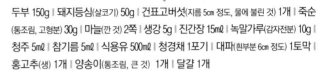

두부 150g ▮ 돼지등심(살코기) 50g ▮ 건표고버섯(지름 5cm 정도, 물에 불린 것) 1개 ▮ 죽순(통조림, 고형분) 30g ▮ 마늘(깐 것) 2쪽 ▮ 생강 5g ▮ 진간장 15mℓ ▮ 녹말가루(감자전분) 10g ▮ 청주 5mℓ ▮ 참기름 5mℓ ▮ 식용유 500mℓ ▮ 청경채 1포기 ▮ 대파(흰부분 6cm 정도) 1토막 ▮ 홍고추(생) 1개 ▮ 양송이(통조림, 큰 것) 1개 ▮ 달걀 1개

👖 작/업/과/정

1 재료 손질하기 청경채, 홍고추, 건표고버섯, 양송이버섯, 죽순은 두부 크기에 맞춰 편 썰어 준비한다. 대파는 채 썰고, 마늘, 생강은 다진다. 돼지고기는 편 썰어 청주, 간장으로 밑간하고 물녹말과 달걀에 버무려 놓는다.

2 두부 썰어 튀기기 두부는 가로, 세로, 두께 5×5×1cm의 삼각형으로 잘라 물기를 제거하고 120℃의 기름에 하나씩 넣어 온도를 서서히 높여가며 연한 갈색이 나도록 튀긴다.

3 볶아서 버무리기 팬에 기름, 대파, 마늘, 생강을 살짝 볶은 후 진간장, 청주로 향을 내고 채소를 넣어 볶는다. 물을 붓고 끓으면 튀긴 두부와 돼지고기를 넣어 졸인 후 물녹말로 농도를 맞춘다. 참기름을 둘러 마무리한다.

4 완성하기 접시에 홍쇼두부를 담아 완성한다.

감독자 시선 POINT

☑ 두부가 으깨지지 않게 갈색이 나도록 해야 한다.
☑ 녹말가루의 농도에 유의해야 한다.

마파두부

감독자 시선
POINT
☑ 두부가 으깨어지지 않아야 한다.
☑ 녹말가루 농도에 유의한다.

☺ 재 / 료 / 목 / 록

두부 150g ∥ 마늘(중, 깐 것) 2쪽 ∥ 생강 5g ∥ 대파(흰부분 6cm 정도) 1토막 ∥ 홍고추(생) 1/2개 ∥ 두반장 10g ∥ 검은 후춧가루 5g ∥ 돼지등심(다진 살코기) 50g ∥ 백설탕 5g ∥ 녹말가루(감자전분) 15g ∥ 참기름 5㎖ ∥ 식용유 60㎖ ∥ 진간장 10㎖ ∥ 고춧가루 15g

🍶 작 / 업 / 과 / 정

1 재료 손질하기 홍고추는 반으로 갈라 씨를 제거하고 0.5× 0.5㎝ 크기로 썰고 대파, 마늘, 생강은 잘게 다진다. 두부는 1.5㎝ 정도 크기의 주사위 모양으로 썰어 끓는 물에 담가 놓는다. 돼지고기는 한번 더 곱게 다진다.

2 고추기름 만들기 팬에 식용유와 고춧가루를 넣어 약한 불에서 저어가며 끓이다가 면보에 걸러 고추기름을 만든다.

3 볶기 팬에 고추기름을 두르고 곱게 다진 돼지고기를 볶다가 다진 대파, 마늘, 생강을 넣고 청주, 진간장, 두반장을 넣고 홍고추를 넣어 볶은 다음, 물을 넣는다.

4 섞기 물기를 제거한 두부를 넣어 살짝 졸인 후 물녹말로 농도를 맞추고 참기름으로 마무리한다.

5 완성하기 접시에 담아 완성한다.

새우케찹볶음

조리시간 **25분**

🍳 재 / 료 / 목 / 록

작은 새우살(내장이 있는 것) 200g ┃ 진간장 15㎖ ┃ 달걀 1개 ┃ 녹말가루(감자전분) 100g ┃ 토마토케찹 50g ┃ 청주 30㎖ ┃ 당근(길이로 썰어서) 30g ┃ 양파(중, 150g 정도) 1/6개 ┃ 소금(정제염) 2g ┃ 백설탕 10g ┃ 식용유 800㎖ ┃ 생강 5g ┃ 대파(흰부분 6cm 정도) 1토막 ┃ 이쑤시개 1개 ┃ 완두콩 10g

🧂 작 / 업 / 과 / 정

1 **재료 손질하기** 양파, 당근, 대파는 가로, 세로 1cm 크기로 편 썰고, 생강은 곱게 다진다. 새우는 이쑤시개로 내장을 제거한 후 물기를 제거하고 청주를 뿌린다. 완두콩은 끓는 물에 데쳐 놓는다.

2 **튀김반죽 만들기** 달걀, 물, 녹말가루를 사용하여 튀김 반죽을 되직하게 만든다.

3 **튀기기** 150℃의 온도에 튀김 반죽한 새우를 한 마리씩 넣고 붙지 않게 초벌 튀김을 하여 건져낸다. 기름이 160℃ 정도가 되었을 때 한 번 더 튀겨낸다.

4 **볶아서 버무리기** 달구어진 팬에 기름을 두르고 청주, 대파, 생강을 넣은 뒤 채소를 넣어 볶는다. 토마토케첩 50g, 물 100㎖, 백설탕 10g을 넣고 소금 소량, 진간장 소량을 넣어 간을 한다. 소스가 끓으면 물녹말로 농도를 맞추고, 튀긴 새우와 완두콩을 넣고 살짝 버무린다.

5 **완성하기** 접시에 수북이 담아서 완성한다.

감독자 시선
POINT

☑ 튀긴 새우는 타거나 설익지 않도록 한다.
☑ 녹말가루 농도에 유의한다.

볶음 요리

볶음요리

양장피잡채

👨‍🍳 재 / 료 / 목 / 록

양장피 1/2장 ┃ 돼지등심(살코기) 50g ┃ 양파(중, 150g 정도) 1/2개 ┃ 조선부추 30g
건목이버섯 1개 ┃ 당근(길이로 썰어서) 50g ┃ 오이 1/3개 ┃ 달걀 1개 ┃ 진간장 5㎖
참기름 5㎖ ┃ 겨자 10g ┃ 식초 50㎖ ┃ 백설탕 30g ┃ 식용유 20㎖ ┃ 작은 새우살 50g
갑오징어살(오징어 대체 가능) 50g ┃ 건해삼(불린 것) 60g ┃ 소금(정제염) 3g

🧂 작 / 업 / 과 / 정

1 겨자 숙성하기 끓은 물에 겨자를 반죽하여 따뜻한 곳에서 숙성시킨다.

2 재료 손질하기 오이, 양파, 부추는 5㎝ 길이로 채 썰고 당근은 편 썰어 끓는 물에 살짝 데친 뒤 5㎝ 길이로 채 썰어 접시에 가지런히 돌려 담는다. 달걀은 황, 백으로 나눠 지단을 부쳐 채 썬다. 건목이버섯과 건해삼은 물에 불린다. 돼지고기는 5㎝ 길이로 재 썰어 소금, 청주로 밑간을 한다. 작은 새우살, 갑오징어살, 불린 해삼은 끓는 물에 데쳐서 식힌다. 끓는 물을 양장피에 부어 불린 뒤 4㎝ 길이로 잘라 놓는다. 참기름에 살짝 버무린다. 손질한 재료들을 접시에 돌려 담는다.

3 겨자 소스 만들기 겨자, 식초, 설탕을 1 : 1 : 1로 섞어 소스를 만든다.

4 재료 볶기 팬에 기름을 두르고 돼지고기를 볶다가 진간장을 넣어 향을 내고 양파, 목이버섯, 부추를 넣고 간을 하여 볶는다.

5 완성하기 볶은 재료와 볶지 않은 재료를 나눠 접시에 담아 완성한다.

감독자 시선 **POINT**
☑ 접시에 담아낼 때 모양에 유의한다.
☑ 볶은 재료와 볶지 않는 재료의 분별에 유의한다.

고추잡채

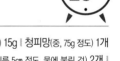
조리시간 **25분**

🍳 재/료/목/록

돼지등심(살코기) 100g ┃ 청주 5㎖ ┃ 녹말가루(감자전분) 15g ┃ 청피망(중, 75g 정도) 1개 ┃ 달걀 1개 ┃ 죽순(통조림, 고형분) 30g ┃ 건표고버섯(지름 5㎝ 정도, 물에 불린 것) 2개 ┃ 양파(150g 정도) 1/2개 ┃ 참기름 5㎖ ┃ 식용유 150㎖ ┃ 소금(정제염) 5g ┃ 진간장 15㎖

🍶 작/업/과/정

1 재료 손질하기 피망, 양파, 죽순, 표고버섯을 5㎝ 길이로 채 썬다. 고기는 얇게 저민 후 결 방향으로 5㎝ 길이로 채 썰어 진간장, 후추, 생강, 청주를 넣고 초벌 간을 하여, 달걀과 녹말을 넣어 잘 버무린다.

2 돼지고기 익히기 채 썰어 양념해 놓은 돼지고기는 기름에 데쳐서 익힌다.

3 재료 볶기 팬에 기름을 두르고 채 썰어 준비한 피망, 양파, 죽순, 표고버섯을 넣고 살짝 볶은 다음 간장을 넣는다. 기름에 데친 돼지고기를 넣고 소금과 후추를 넣고 국자와 팬을 돌려서 섞어주고 참기름을 둘러 마무리한다.

4 완성하기 접시 중앙에 소복하게 담아 완성한다.

POINT
☑ 피망의 색깔이 선명하도록 너무 볶지 말아야 한다.

채소볶음

🍳 재/료/목/록

청경채 1개 | 대파(흰 부분 6㎝ 정도) 1토막 | 당근(길이로 썰어서) 50g | 죽순(통조림, 고형분) 30g | 청피망(중, 75g 정도) 1/3개 | 건표고버섯(지름 5㎝정도, 물에 불린 것) 2개 | 식용유 45㎖ | 소금(정제염) 5g | 진간장 5㎖ | 청주 5㎖ | 참기름 5㎖ | 마늘 1쪽 | 흰후춧가루 2g | 생강 5g | 셀러리 30g | 양송이(큰 것) 2개 | 녹말가루(감자전분) 20g

🧂 작/업/과/정

1 재료 손질하기 청경채, 셀러리, 당근, 피망, 죽순, 표고버섯은 길이 4㎝ 정도로 편을 썰어서 준비한다. 대파는 반으로 썬 후, 4㎝ 정도 편을 썰고, 양송이버섯, 마늘, 생강도 편을 썰어 준비 한다.

2 채소 데치기 편 썰어 준비한 모든 채소를 끓는 물에 데친다(대파, 마늘, 생강 제외).

3 재료 볶기 팬에 기름을 두르고 대파, 마늘, 생강을 볶다가 간장, 청주를 넣고 데쳐 놓은 채소를 넣어 살짝 볶다가 물, 소금을 넣어 간을 한다.

4 농도 맞추기 불을 끄고 물녹말을 넣어 농도를 맞추고 다시 불을 켜서 물녹말을 익힌다. 참기름으로 마무리한다.

5 완성하기 접시에 수북이 담아서 채소볶음을 완성한다.

감독자 시선 **POINT**
- ☑ 팬에 붙거나 타지 않게 볶아야 한다.
- ☑ 재료에서 물이 흘러나오지 않아야 한다.
- ☑ 채소의 색을 살려야 한다.

볶음 요리

라조기

🍳 재 / 료 / 목 / 록

닭다리(한 마리 1.2kg 정도, 허벅지살 포함, 반마리 지급 가능) 1개 ┃ 죽순(통조림, 고형분) 50g ┃ 건표고버섯(지름 5cm 정도, 물에 불린 것) 1개 ┃ 홍고추(건) 1개 ┃ 양송이(통조림, 큰 것) 1개 ┃ 청피망(75g) 1/3개 ┃ 청경채 1포기 ┃ 생강 5g ┃ 대파(흰부분 6cm 정도) 2토막 ┃ 마늘(중, 깐 것) 1쪽 ┃ 달걀 1개 ┃ 진간장 30㎖ ┃ 소금 5g ┃ 청주 15㎖ ┃ 녹말가루(감자전분) 100g ┃ 고추기름 10㎖ ┃ 식용유 900㎖ ┃ 검은 후춧가루 1g

👐 작 / 업 / 과 / 정

1 재료 손질하기 건고추는 마름모꼴로 썰고, 청피망, 청경채, 죽순, 양송이 버섯, 표고버섯은 5×2cm 크기로 채 썬다. 대파는 굵게 채 썰고, 마늘, 생강 은 다진다. 닭고기는 뼈를 발라 손질하여 5×1cm 크기로 썰어 소금, 후추, 청주로 밑간하고 튀김 반죽을 만들어 손질한 닭고기에 버무려 놓는다. 손 질한 채소는 끓는 물에 넣어 살짝 데친다(건고추, 대파, 마늘, 생강 제외)

2 튀기기 160℃ 기름에 닭고기를 하나씩 넣어 튀긴 후 한번 더 튀긴다.

3 재료 볶아 버무리기 팬에 고추기름을 넣고 건고추를 살짝 볶은 후, 대파, 마늘, 생강, 청주, 진간장으로 향을 내고 데친 채소를 넣어 볶는다. 팬에 물 을 붓고 물이 끓으면 튀긴 닭고기를 넣어 살짝 졸인 후 물녹말로 농도를 맞 춘다. 참기름을 살짝 둘러 마무리한다.

4 완성하기 그릇에 요리를 소복이 담아 완성한다.

감독자 시선 POINT

☑ 소스 농도에 유의한다.
☑ 채소 색이 퇴색되지 않도록 한다.

조리시간 **20분**

볶음
요리

부추잡채

🍲 재 / 료 / 목 / 록

부추(중국부추, 호부추) 120g ┃ 돼지등심(살코기) 50g ┃ 달걀 1개 ┃ 청주 15㎖ ┃ 소금(정제염) 5g ┃ 참기름 5㎖ ┃ 식용유 100㎖ ┃ 녹말가루(감자전분) 30g

🧂 작 / 업 / 과 / 정

1 재료 손질하기 부추는 6cm 길이로 썰고, 흰 부분과 녹색 부분으로 구분하여 담는다. 그 위에 소금을 뿌려 미리 간을 해놓는다. 돼지고기는 6×0.3cm로 얇게 썰어 소금, 청주로 초벌 간을 하고 달걀과 녹말을 버무려 놓는다.

2 돼지고기 기름에 데치기 돼지고기의 양보다 조금 많은 양의 기름을 넣고 70℃ 정도의 온도에서 서서히 익혀준다.

3 재료 볶기 달구어진 팬에 기름을 두르고 청주를 넣고 밑간한 부추의 흰색 부분을 볶다가 녹색 부분을 나중에 넣고 볶는다. 돼지고기를 넣고 골고루 섞어 볶은 다음 참기름을 넣어 완성한다.

4 완성하기 완성된 요리를 접시에 소복이 담아내어 완성한다.

감독자 시선
POINT

☑ 채소 색이 퇴색되지 않도록 한다.

경장육사

☑ 돼지고기채는 고기의 결을 따라 썰도록 한다.
☑ 짜장 소스는 죽순채, 돼지고기채와 함께 잘 섞여져야 한다.
☑ 짜장 소스의 색깔과 녹말 농도에 유의해야 한다.

👨‍🍳 재 / 료 / 목 / 록

돼지등심(살코기) 150g ┃ 죽순(통조림, 고형분) 100g ┃ 대파(흰부분 6cm 정도) 3토막 ┃ 달걀 1개 ┃ 춘장 50g ┃ 식용유 300 ┃ 백설탕 30g ┃ 굴소스 30㎖ ┃ 청주 30㎖ ┃ 진간장 30㎖ ┃ 녹말가루(감자전분) 50g ┃ 참기름 5㎖ ┃ 마늘(중, 깐 것) 1쪽 ┃ 생강 5g

🧂 작 / 업 / 과 / 정

1 재료 손질하기 죽순은 5cm 길이로 채 썰고, 마늘과 생강은 다진다. 대파는 채 썰어 물에 담가 놓는다. 돼지고기를 5cm 길이로 가늘게 채 썰고, 청주로 밑간을 한 후 달걀흰자와 물녹말을 넣어 버무려 놓는다.

2 죽순 삶기 채 썬 죽순은 끓는 물에 삶아 준다.

3 돼지고기 기름에 데치기 돼지고기의 양보다 조금 많은 양의 기름을 넣고 70℃ 정도의 온도에서 서서히 익혀준다.

4 춘장 튀기기 춘장을 튀겨서 준비한다. 춘장은 볶는다는 개념보다는 춘장이 잠길 정도의 기름양으로 튀기는 개념이 정확하다.

5 경장육사 만들기 팬에 식용유와 마늘, 생강을 죽 순채를 넣어 볶다가 물과 튀긴 춘장을 넣은 후 굴소스, 설탕으로 간을 맞추고 돼지고기를 넣어 살짝 졸인다. 물녹말을 넣어 녹말을 맞춘다.

6 완성하기 접시에 채 썰어 물에 담가놓은 대파를 물기를 제거하여 가장자리로 돌려 담은 후 팬에 있는 요리를 담아서 경장육사를 완성한다.

면 요리

유니짜장면

조리시간 30분

🍳 재 / 료 / 목 / 록

┃ 돼지등심(다진 살코기) 50g ┃ 중화면(생면) 150g ┃ 양파(중, 150g) 1개 ┃ 호박(애호박) 50g
┃ 오이(20cm 정도) 1/4개 ┃ 춘장 50g ┃ 생강 10g ┃ 진간장 50㎖ ┃ 청주 50㎖ ┃ 소금 10g
┃ 백설탕 20g ┃ 참기름 10㎖ ┃ 녹말가루(감자전분) 50g ┃ 식용유 100㎖

🥢 작 / 업 / 과 / 정

1 재료 손질하기 양파와 호박은 0.5×0.5cm 크기로 썬다. 오이는 채 썰고 생강은 곱게 다진다. 돼지고기는 한 번 더 곱게 다진다.

2 중화면 삶기 중화면은 끓는 물에 삶아 찬물에 헹궈 다시 끓는 물에 데친 후 물 기를 제거하여 그릇에 담아 놓는다.

3 춘장 튀기기 춘장을 튀겨서 준비한다. 춘장은 볶는다는 개념보다는 춘장이 삼길 정도의 기름양으로 튀기는 개념이 정확하다.

4 짜장 소스 만들기 팬에 기름을 두르고 다진 돼지고 기를 볶다가 청주와 대파, 생강, 진간장을 넣고 향을 낸다. 다진 양파와 튀긴 춘장을 넣고 잘 볶아준다. 물을 타지 않을 정도로 30㎖ 정도 넣고 소금, 백설탕으로 간을 한 후 물녹말을 살짝 넣고 참기름으로 마무리하여 그릇에 담는다.

5 완성하기 삶은 면 위에 짜장 소스를 부어 오이채를 올려서 유니짜장면을 완성한다.

면요리

울면

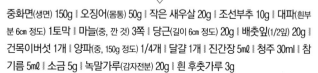

🍳 재/료/목/록

중화면(생면) 150g ▮ 오징어(몸통) 50g ▮ 작은 새우살 20g ▮ 조선부추 10g ▮ 대파(흰부분 6㎝ 정도) 1토막 ▮ 마늘(중, 깐 것) 3쪽 ▮ 당근(길이 6㎝ 정도) 20g ▮ 배춧잎(1/2잎) 20g ▮ 건목이버섯 1개 ▮ 양파(중, 150g 정도) 1/4개 ▮ 달걀 1개 ▮ 진간장 5㎖ ▮ 청주 30㎖ ▮ 참기름 5㎖ ▮ 소금 5g ▮ 녹말가루(감자전분) 20g ▮ 흰 후춧가루 3g

🧂 작/업/과/정

1 재료 손질하기 부추, 배춧잎, 당근, 양파, 대파는 6㎝ 크기로 채 썬다. 마늘은 다지고, 목이버섯은 4㎝ 정도의 크기로 뜯어둔다. 오징어는 6㎝ 정도로 가늘게 채 썰고, 새우는 내장을 제거한다. 달걀을 풀어 달걀물을 만든다.

2 중화면 삶기 중화면은 끓는 물에 삶아서 찬물에 헹궈 다시 한번 더 끓는 물에 데쳐서 물기를 제거하여 그릇에 담는다.

3 울면 소스 만들기 팬에 물을 붓고 청주, 간장을 넣고 돼지고기, 오징어, 새우, 채 썬 채소를 넣고 끓인다. 중간에 거품을 제거하고 소금으로 간하고 물녹말로 농도를 맞춘 후, 준비해 놓은 달걀을 풀어주고, 마지막에 부추, 참기름을 넣은 후 마무리하여 국물을 부어준다.

4 완성하기 그릇에 소스를 수북이 담아서 울면을 완성한다.

감독자 시선 POINT
☑ 소스 농도에 유의한다.
☑ 건목이버섯은 불려서 사용한다.

밥 요리

새우볶음밥

🍳 재/료/목/록

쌀(30분 정도 불린 쌀) 150g ┃ 작은 새우살 30g ┃ 달걀 1개 ┃ 대파(흰부분 6cm 정도) 1토막 ┃ 당근 20g ┃ 청피망(중, 75g 정도) 1/3개 ┃ 식용유 50㎖ ┃ 소금 5g ┃ 흰 후춧가루 5g

👐 작/업/과/정

1 밥 짓기 불린 쌀 150g을 깨끗이 씻어 물의 양을 조절하여 밥을 짓는다.

2 재료 손질하기 대파, 당근, 청피망은 0.5cm 크기의 주사위 모양(丁)으로 썰어 준비한다. 달걀을 풀어 달걀물을 만든다. 새우는 내장을 제거한 뒤, 데쳐서 준비한다.

3 재료 볶기 코팅한 팬에 식용유를 넣고 달걀 물을 넣고 손질한 채소를 넣어 소금으로 간을 하고 골고루 섞어 가며 볶아준다. 달걀과 채소가 어느 정도 볶아질 때 밥을 넣고 볶는다. 국자의 넓은 뒷면을 사용해서 살짝 눌러주면서 밥 과 달걀과 채소가 잘 섞이도록 팬과 국자를 사용하여 잘 섞어준다. 내장을 제거하여 데친 새우를 넣어 골고루 볶아 흰 후춧가루를 넣는다.

4 완성하기 완성된 요리를 접시에 담아내어 완성한다.

감독자 시선 POINT
- ☑ 밥은 질지 않게 짓도록 한다.
- ☑ 밥과 재료는 볶아 보기 좋게 담아낸다.

후식 요리

빠스옥수수

조리시간 **25분**

감독자 시선 POINT
☑ 팬의 설탕이 타지 않아야 한다.
☑ 완자 모양이 흐트러지지 않아야 하며 타지 않아야 한다.

🍳 재/료/목/록

옥수수(통조림, 고형분) 120g ▮ 땅콩 7알 ▮ 밀가루(중력분) 80g ▮ 달걀 1개 ▮ 백설탕 50g ▮ 식용유 500㎖

🍶 작/업/과/정

1 재료 손질하기 옥수수는 칼로 곱게 다져 물기를 제거하여 준비한다. 땅콩은 칼 면으로 쳐서 칼날로 곱게 다진다. 달걀은 달걀노른자만 분리해 놓는다.

2 반죽하기 땅콩과 옥수수에 달걀노른자를 넣고 밀가루를 넣어 잘 반죽한다.

3 튀기기 기름 온도가 120℃ 정도 되었을 때 왼손으로 완자를 지어 숟가락을 사용하여 넣는다. 자연스럽게 떠오를 때까지 기다린다.

4 설탕 시럽 만들기 코팅된 팬에 식용유, 백설탕을 넣고 가장자리가 타지 않게 저어가면서 맑고 투명해질 때까지 녹인다.

5 버무리기 설탕 시럽에 튀긴 옥수수완자를 넣고 잘 섞어준다. 물 5㎖ 정도를 끼얹는다.

6 완성하기 접시에 기름을 골고루 펴 바른 뒤 한 알씩 떼어 담는다. 이때 설탕이 늘어져 실의 형태가 뽑아져야 한다.

빠스고구마

 재 / 료 / 목 / 록

고구마(300g 정도) 1개 ┃ 백설탕 100g ┃ 식용유 1000㎖

작 / 업 / 과 / 정

1 **고구마 손질하기** 고구마는 껍질을 벗기고 3~4㎝ 정도 크기의 삼각으로 썰어 찬물에 담가둔다.

2 **고구마 튀기기** 팬에 기름을 두르고 약한 불에서 고구마를 튀기는 데, 온도를 서서히 올린다. 높은 온도에서는 넣지 않아야 한다. 젓지 않고 기름 위로 떠 오를 때까지 기다린다.

3 **설탕 시럽 만들기** 코팅된 팬에 식용유, 백설탕을 넣고 가장자리가 타지 않게 저어가면서 맑고 투명해질 때까지 녹인다.

4 **버무리기** 튀긴 고구마를 설탕 시럽에 골고루 버무린 뒤 찬물 5㎖를 넣어 마무리한다.

5 **완성하기** 접시에 기름을 바르고 그 위에 고 구마를 하나씩 덜어 담는다. 이때 고구마에서 실의 형태가 나와야 한다.

☑ 시럽이 타거나 튀긴 고구마가 타지 않도록 한다.

새 출제기준 · NCS 교육 과정 완벽 반영

중식 조리기능사 실기시험

합격하기

한 손에 들어오는 합격 레시피 포켓북

BM **Book Media** Group

성안당은 선진화된 출판 및 영상교육 시스템을 구축하고
항상 연구하는 자세로 고객 앞에 다가갑니다.